つまみ細工×布作花飾品：

打造純手感和風小物

玩創編輯小組 著

はじめてでも作れる：つまみ細工の花あしらい

CONTENTS 目錄

Part 2　實際動手作つまみ簪

作者序

花，在風的帶領下優雅的跳舞擺動它的身軀；花，在賞心悅目之餘，可使人忘記心煩瑣事，讓人愉快的感受到它的優雅和美麗；但花會凋零，所以，我運用「布」，製作成布花，並搭配上各式的飾品和配件，打造出獨一無二的風格，讓花不再只是回憶，而是永遠的紀念與陪伴。

書中會教授讀者各種不同的花瓣和葉子，讓讀者能隨心所欲的選擇自己喜歡的搭配方式，也結合飾品的運用，不論是髮夾、髮箍、香蕉夾、胸針，只要你喜歡的飾品，都可以與布花做結合，大大增加了日系布花的實用性。除此之外，我嘗試在花中加入了裝飾品，不論是珍珠、水鑽等等，都讓原先令人感覺柔軟的花，帶出另一番風味和質感。

這次製作的日系布花，想帶給讀者更多元的運用，讓大家不只是在穿和服時才能佩戴，而是在日常生活中都能使用，其實只要在布花上做一些小改變，就能變化出各種不同的樣式和味道，不管是大人還是小孩在外出都能佩戴，並走出自己的style！快跟著書中的步驟做，創造出自己的第一朵布花，再依照自己穿著，選擇最適合自己的搭配方式，讓日系布花填滿你生活中的色彩吧！

工具、材料介紹

1. 蒸氣熨斗

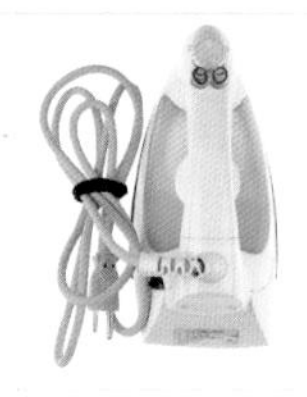

用來燙平布。

2. 布

用來做日式布花的材料。

3. 裁布刀

裁布片時使用。

4. 布剪

裁剪布片的專用剪刀。

5. 刮刀

鋪膠時刮取漿糊。

6. 木板

用於製作漿糊板。

7. 漿糊

黏貼布花，或使布花定型。

8. 熱熔膠槍

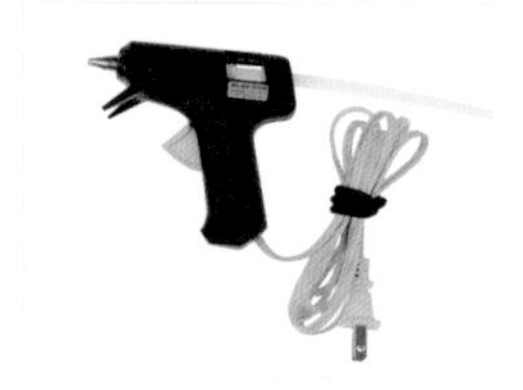

固定布花或裝飾品。

9. 強力膠

用於黏貼材料。

10. 切割墊

切割物品時，可避免割壞桌面。

11. 剪刀

用於修剪材料。

12. 鑷子

用於夾取物品。

13. 平口鉗

固定鐵絲，或塑造鐵絲的弧度。

14. 斜剪鉗

可剪斷鐵絲。

15. 圓嘴鉗

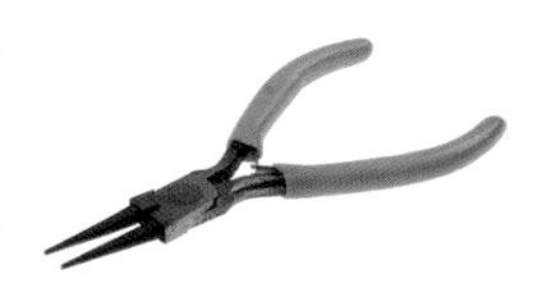

用於塑型鐵絲。

16. 硬紙板

布花底座材料之一。

17. 鐵絲

用於固定布花。

18. 無黏性紙膠帶

用在加工鐵絲。

19. 蠟筆

裁布時，做記號使用。

20. 長尺

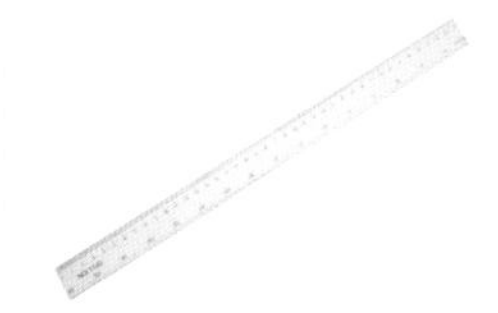

裁切布片的輔助工具。

21. 圓規

用來繪製圓形。

材料－各式飾品

各色棉線

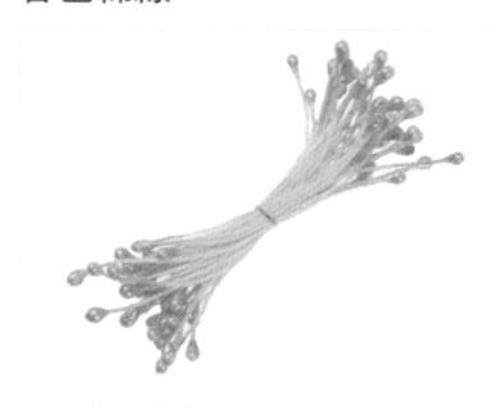

各式蕾絲及緞帶

各式水鑽

各式珍珠

髮箍 01

髮箍 02

髮箍 03

髮夾 01

髮夾 02

髮夾 03

髮夾 04

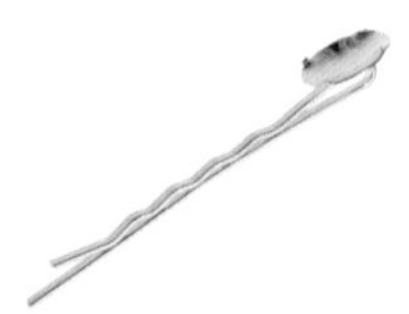

髮飾 01

髮飾 02

髮飾 03

髮飾 04

花蕊 01

花蕊 02

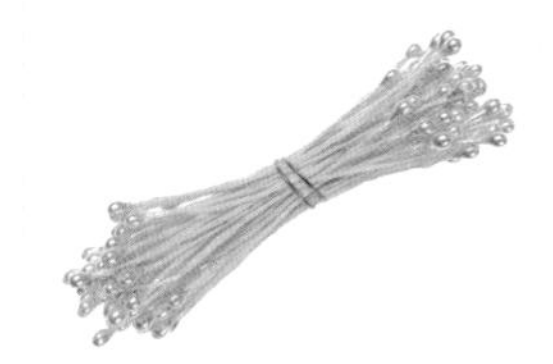

花蕊 03

花蕊 04

花蕊 05

棉線

Part 1
基礎技巧

裁切布片的方式

燙平布片 步驟

取須裁切的布片。

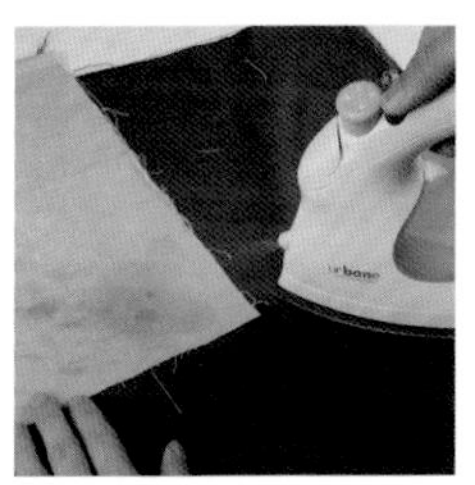

在布片上噴灑水。（註：噴灑水後，後續會較好燙平。）

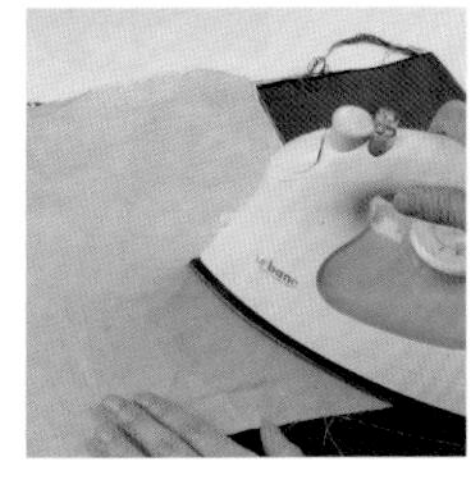

以熨斗將布片燙平。（註：以熨斗將布片燙平，後續會較好切割。）

如圖，布片燙平完成。

裁布刀 步驟

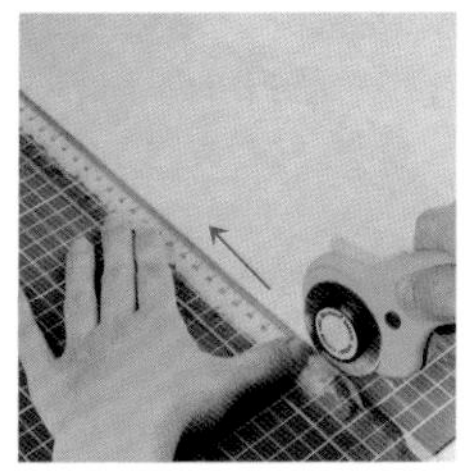

取裁布刀放置在長尺側邊並裁去布片不平整處。

重複步驟 1，依序裁切不平整邊緣。

先量出須裁切的布片大小，以裁布刀裁切正方形布片。（註：可以切割墊的方格作為測量的工具。）

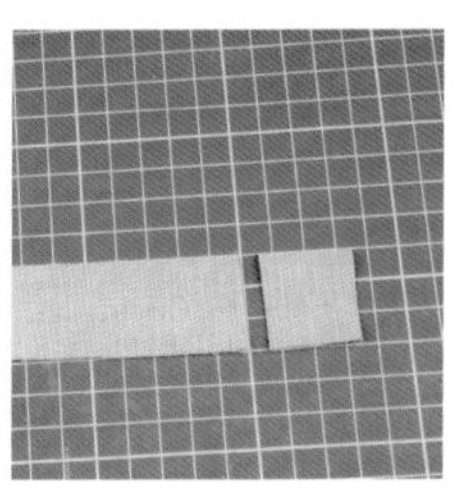

如圖，正方形布片裁切完成。

裁布剪刀 步驟

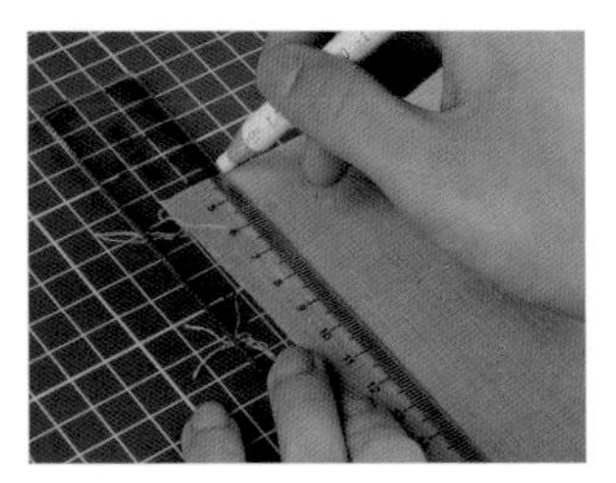

01 取蠟筆放置在長尺側邊。

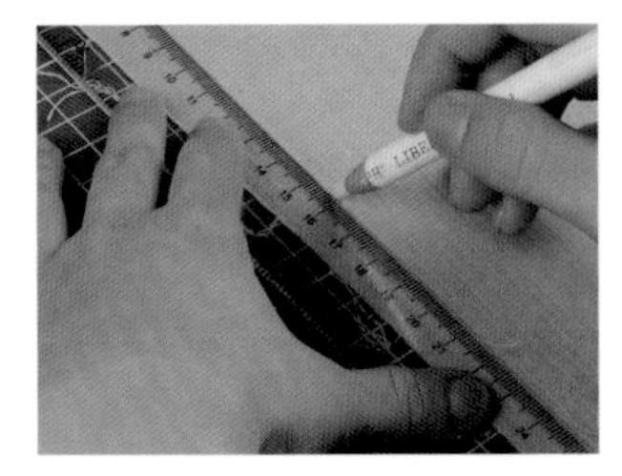

02 以蠟筆畫出須剪裁部位。

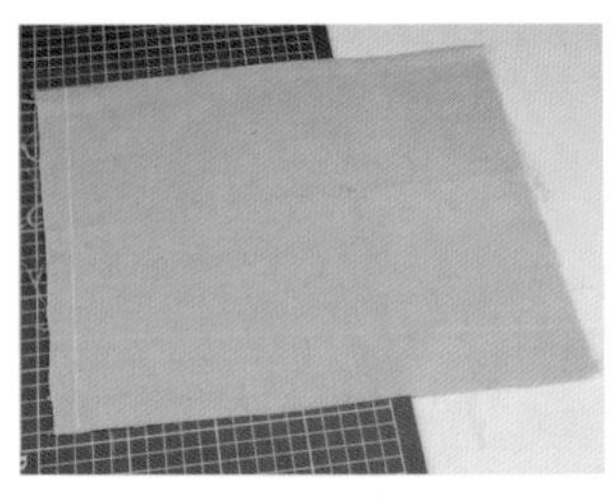

03 如圖，線條繪製完成。

04 以裁布剪刀沿著線條剪下布片不平整邊線。

05 如圖，不平整邊緣剪裁完成。

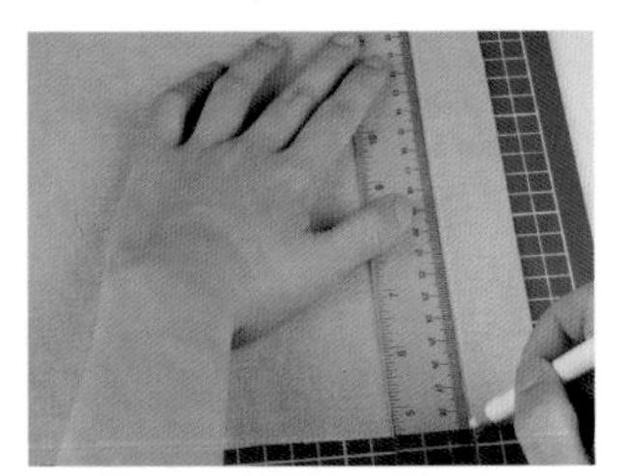

06 以尺量出須裁切的布片大小，並以蠟筆繪製輔助線。（註：輔助線不須畫太深，以免在布面上留下筆跡。）

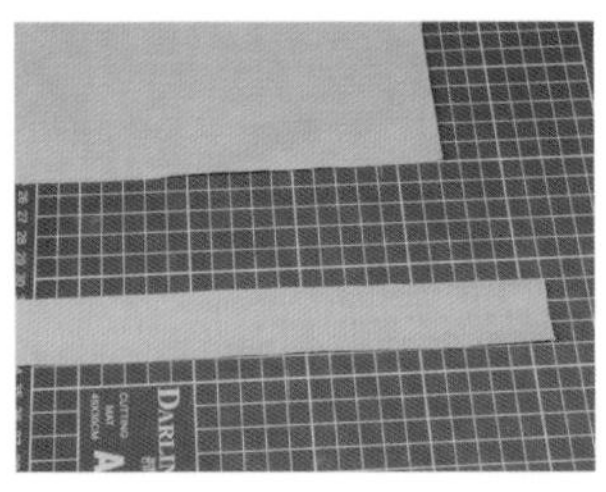

07 承步驟 6，以剪刀剪下長條形布片。

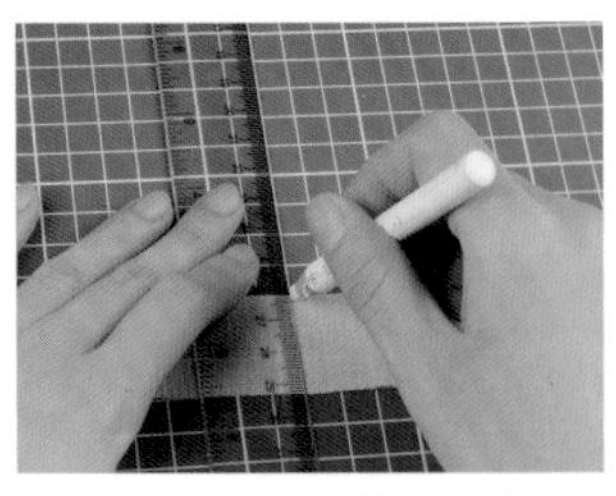

08 以尺量出須裁切的布片大小，並以蠟筆繪製輔助線。

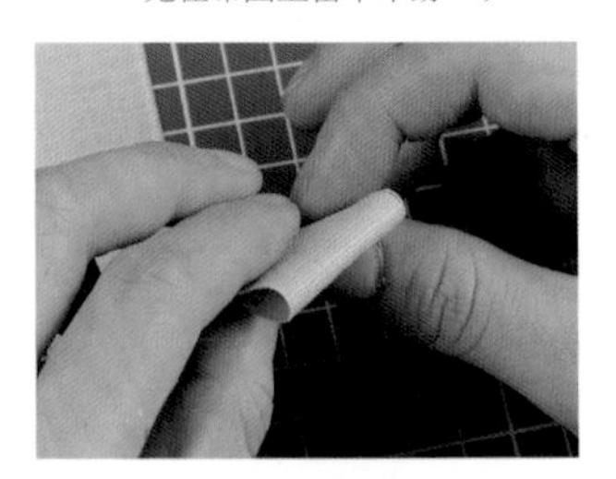

09 用手摺出輔助線。

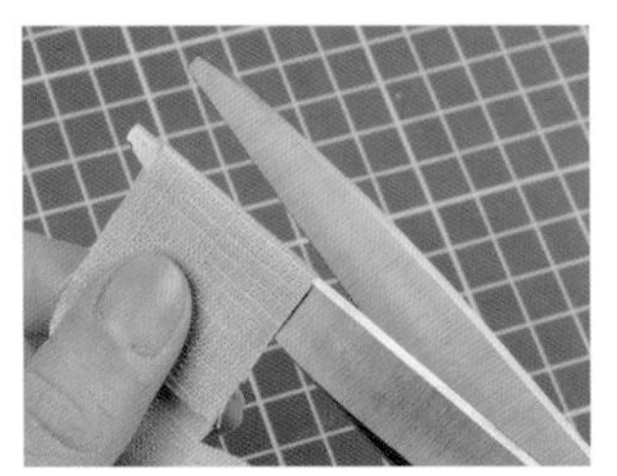

10 以剪刀剪下正方形布片。

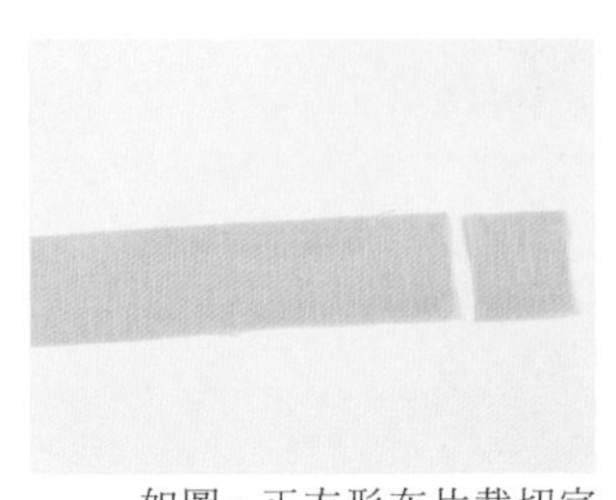

11 如圖，正方形布片裁切完成。

鋪膠的方式

Tip：

1. 在鋪膠時，須注意要將膠鋪平整。
2. 膠的厚度至少 3 公分。
3. 可視個人需求，調整鋪膠的面積。

步驟

01 以刮刀取漿糊至木板上。（註：可視個人需求作增減。）

02 以刮刀鋪平漿糊。

03 最後，將漿糊四邊刮平整即可。

底座的製作方式

圓板製作

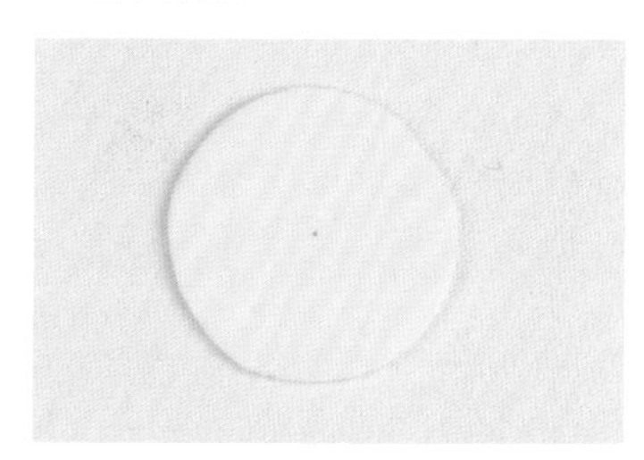

步驟

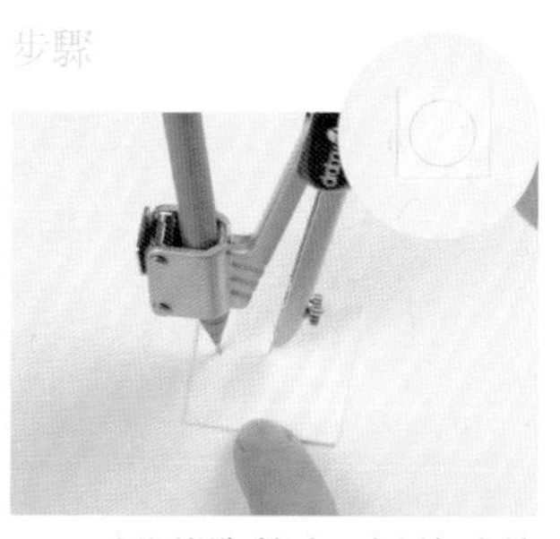

01 以圓規為輔助，在紙板上繪製圓形。

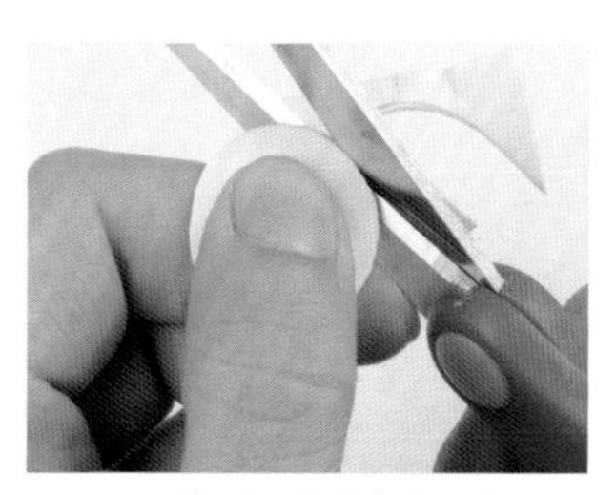

02 以剪刀沿著邊緣線剪裁。

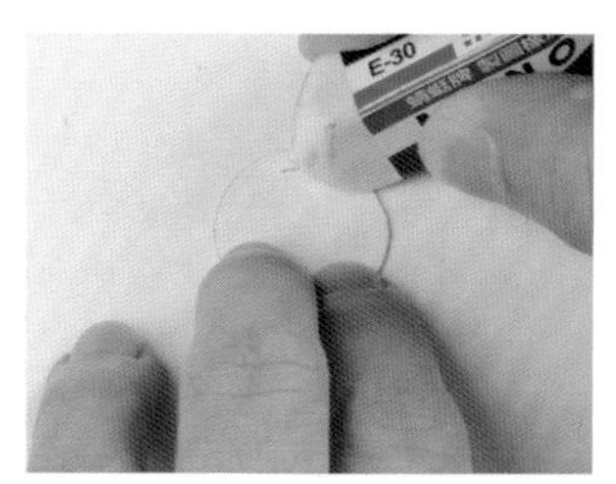

03 最後以橡皮擦擦去邊緣筆跡即可。

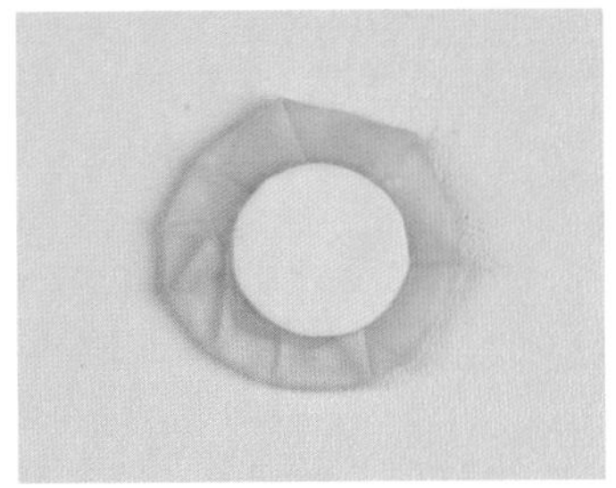

底座

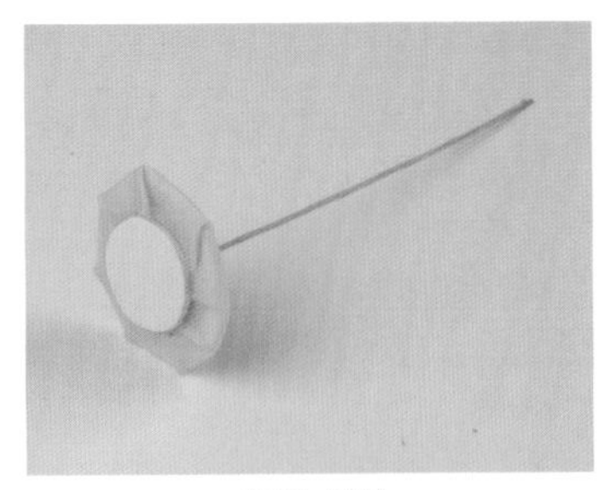

底座加鐵絲

底座製作　步驟

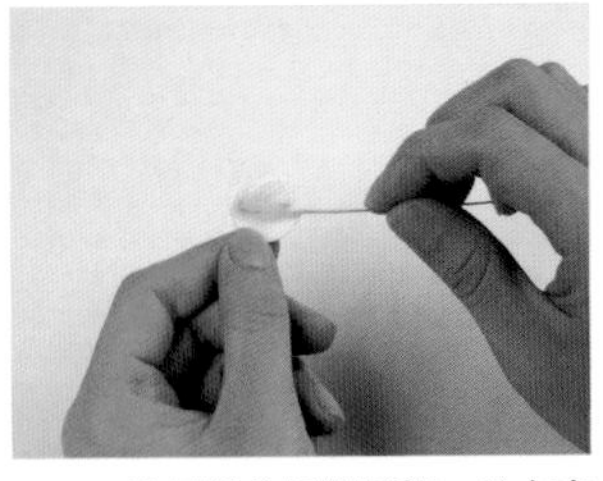

01 取已製作好的圓板，並在表面塗上漿糊。

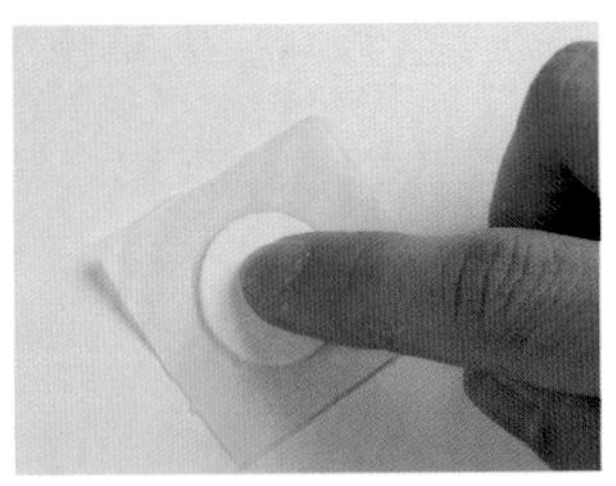

02 承步驟 1，將圓板黏貼至布片中間。

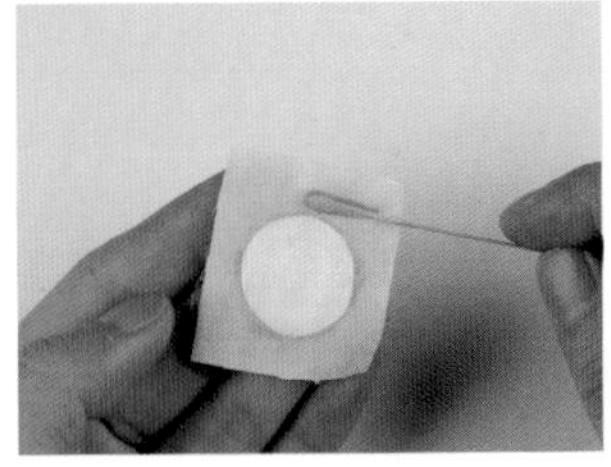

03 在布片上塗上漿糊。

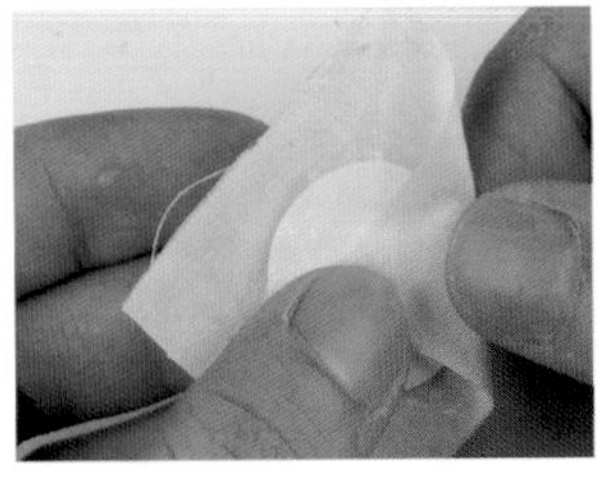

04 用手將布片沿著圓板向內折。

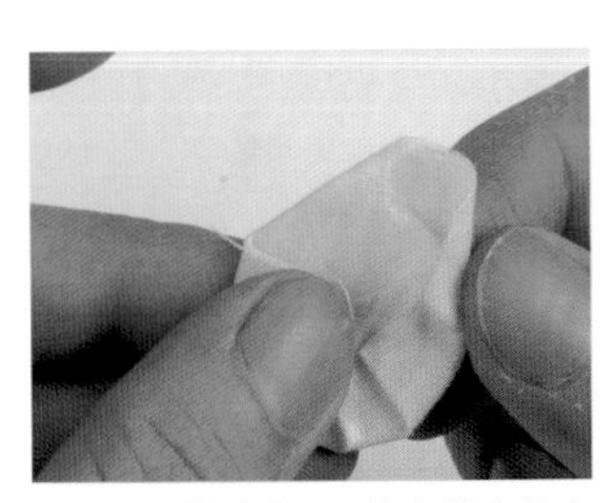

05 重複步驟 4，依序將布片向內折。

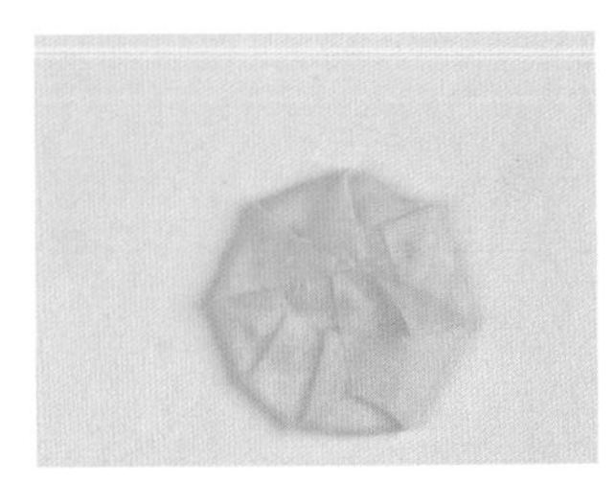

06 如圖，圓板包覆完成。（註：底座穿鐵絲作法於步驟 11-18 教授。）

07 承步驟 6，在已包覆布片的圓板上塗上漿糊。

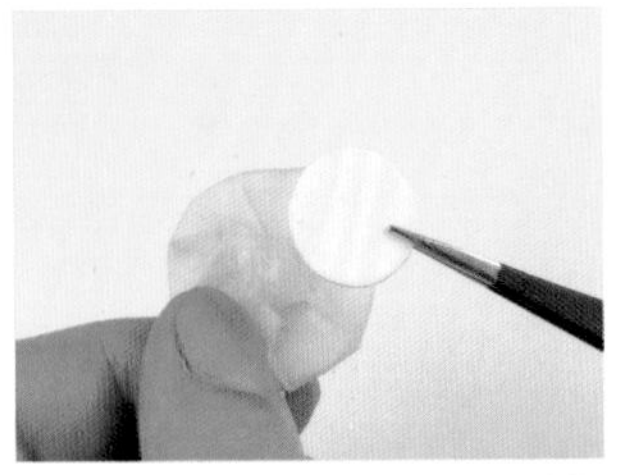

08 以鑷子夾取圓板放置於漿糊上方。

09 承步驟 8，以鑷子壓圓板，加強圓板與布的密合度。

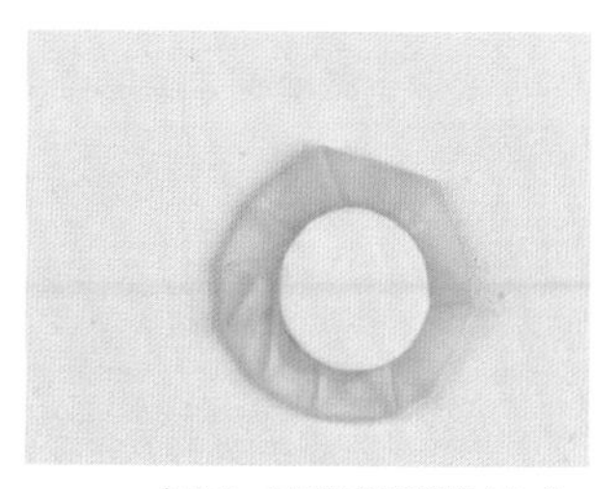

10 如圖，圓形底座製作完成。

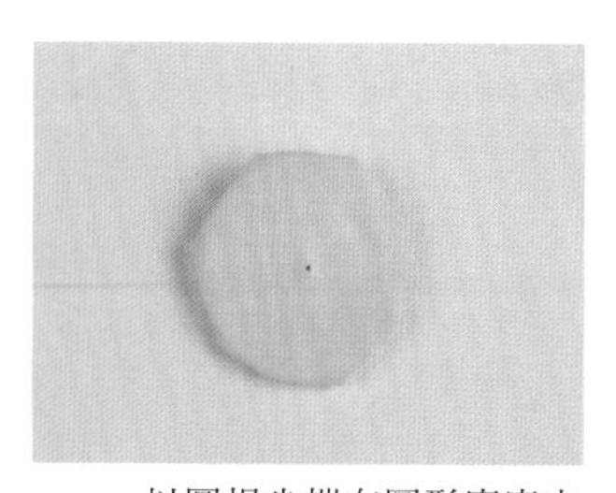

11 以圓規尖端在圓形底座中心刺一小洞。

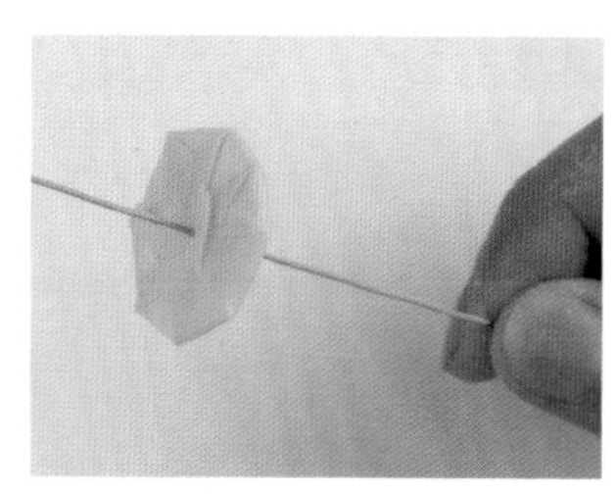

12 承步驟 11，取一鐵絲刺穿圓形底座中間小洞。

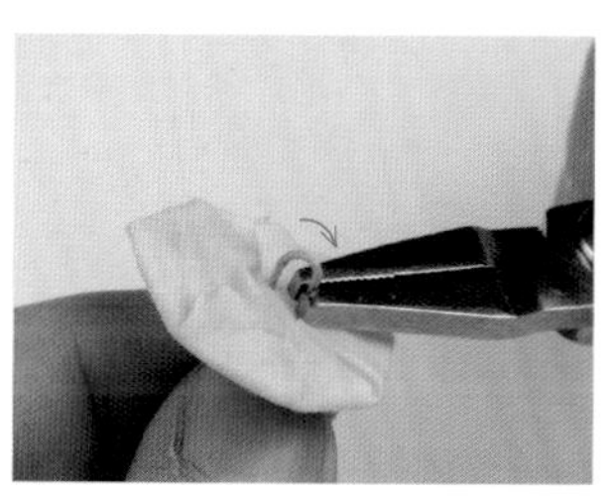

13 以平口鉗將鐵絲前端向下彎折，呈現 U 形。

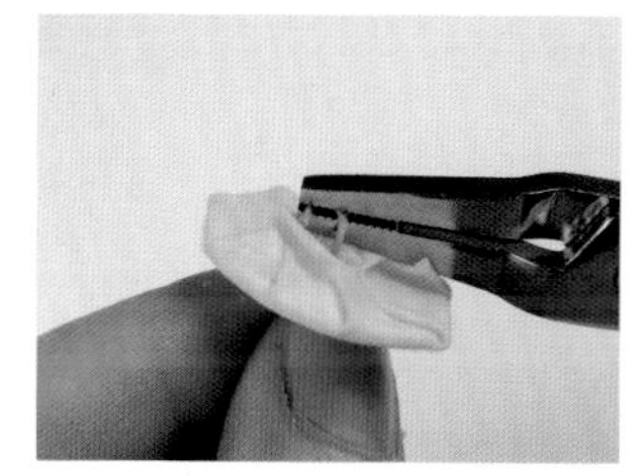

14 以平口鉗將 U 形鐵絲稍微向下彎折。

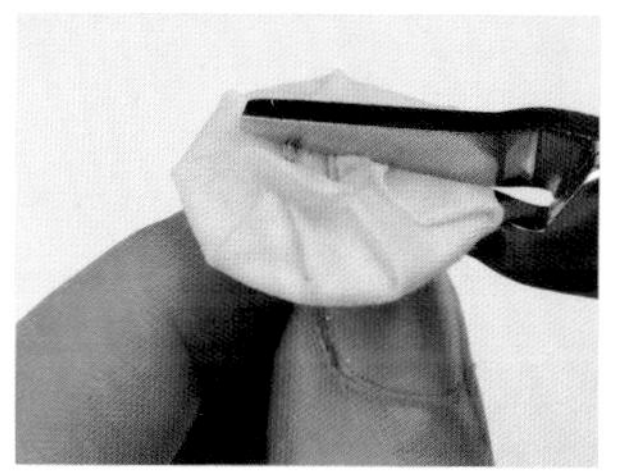

15 承步驟 14，以平口鉗將 U 形鐵絲壓平至圓形底座。

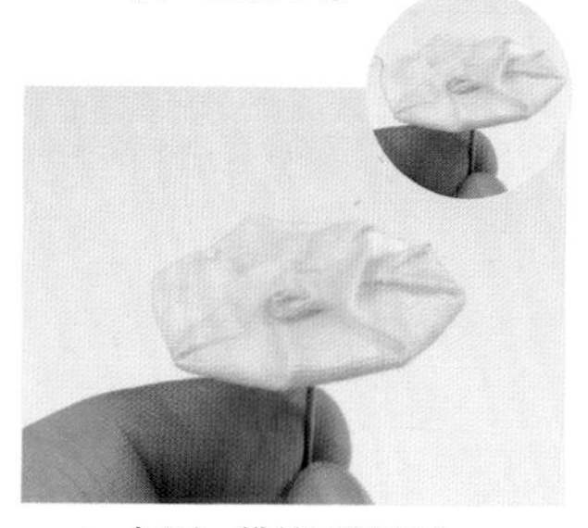

16 如圖，鐵絲壓製完成。

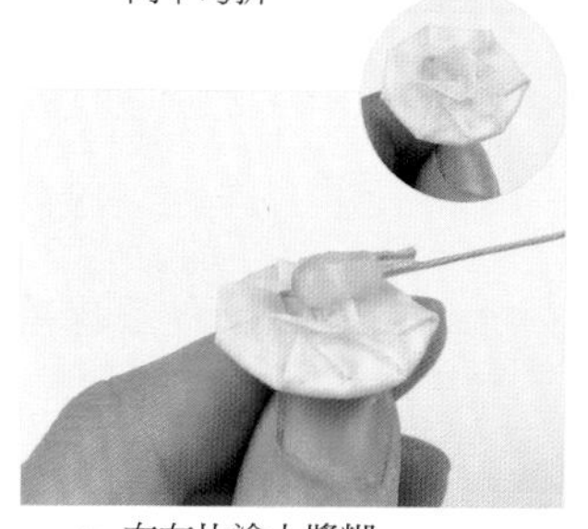

17 在布片塗上漿糊。

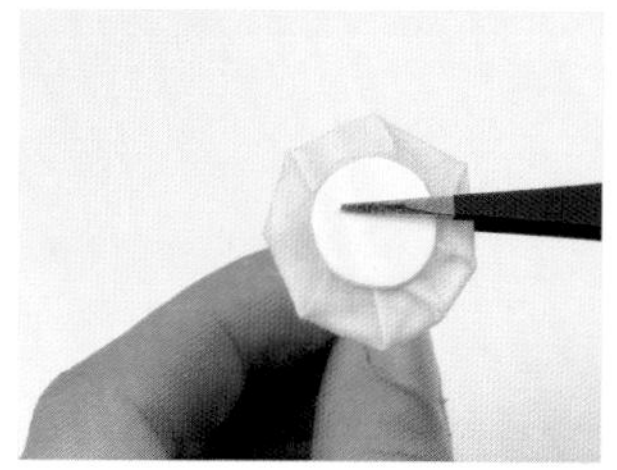

18 最後，以鑷子夾取圓板放置於漿糊上方，以鑷子加強圓板固定與布的密合度即可。

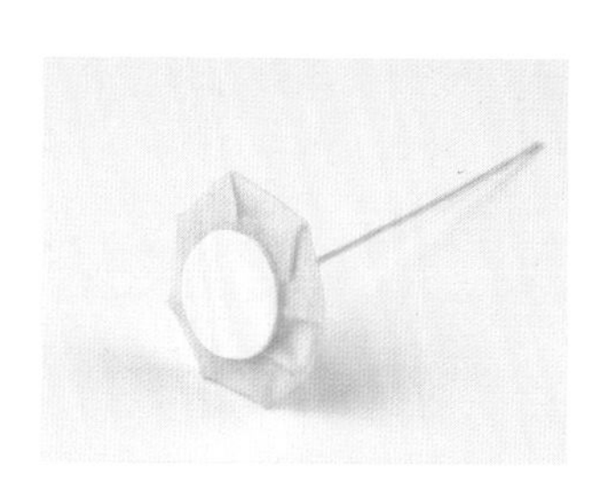

19 如圖，底座穿鐵絲製作完成。

花瓣的製作方式

協助花瓣定型的小訣竅

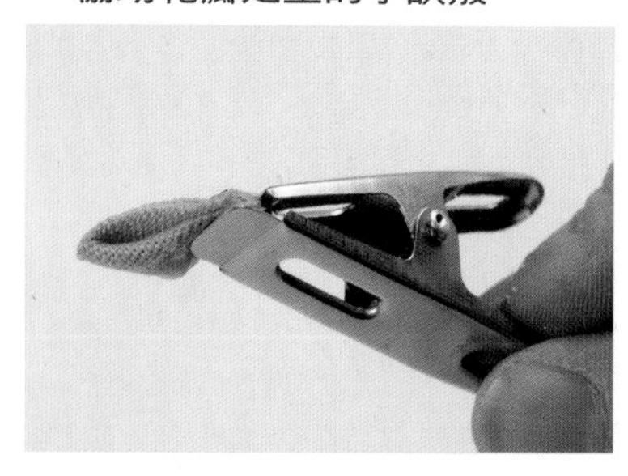

取一鐵夾夾住花瓣，加強固定。

花瓣 01

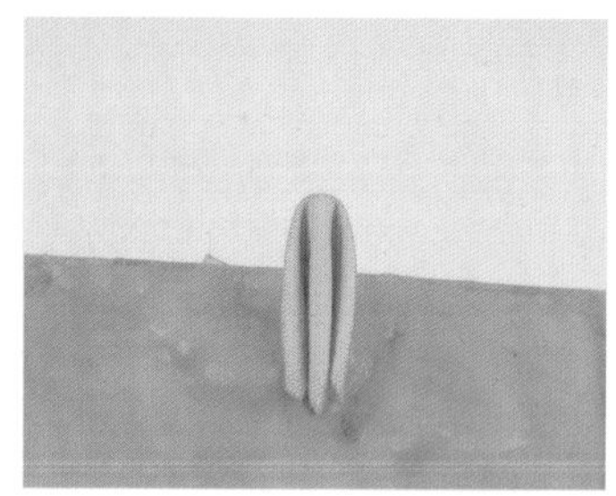

步驟

01 以鑷子夾取亮黃布片，用手將布片對摺成三角形。

02 承步驟 1，用手再次將三角形對摺。

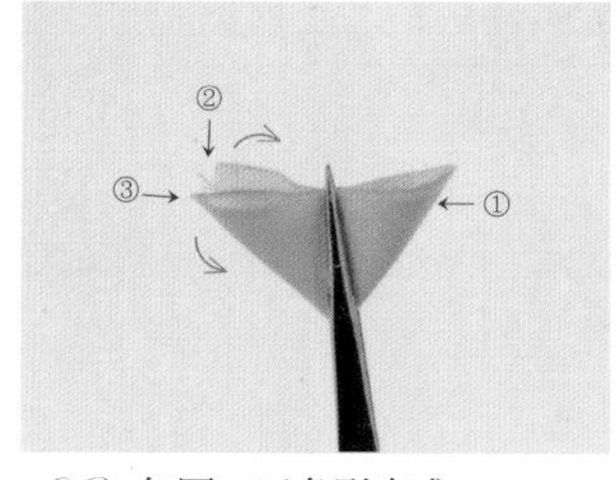

03 如圖，三角形完成。

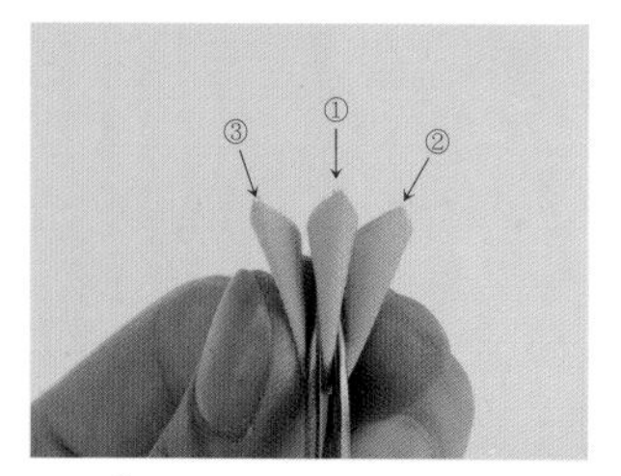

04 以鑷子夾取布片，用手將角②、角③往角①處折，成花瓣貌。

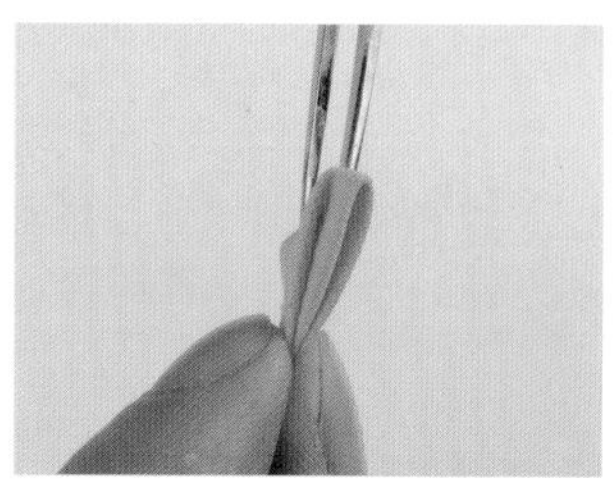

05 如圖，花瓣 01 製作完成。

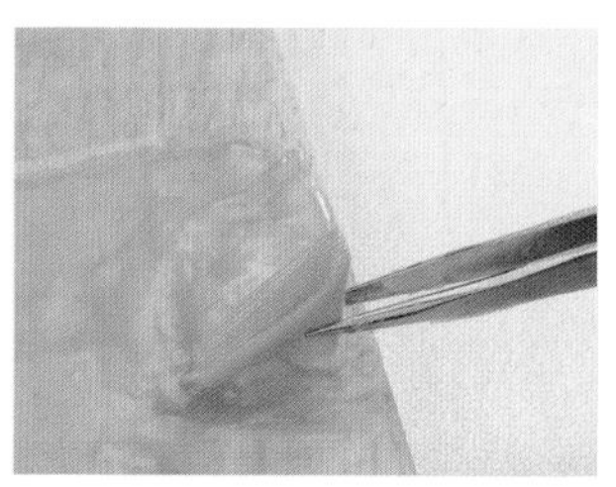

06 最後，將花瓣置於漿糊中定型即可。

◆ 花瓣 02

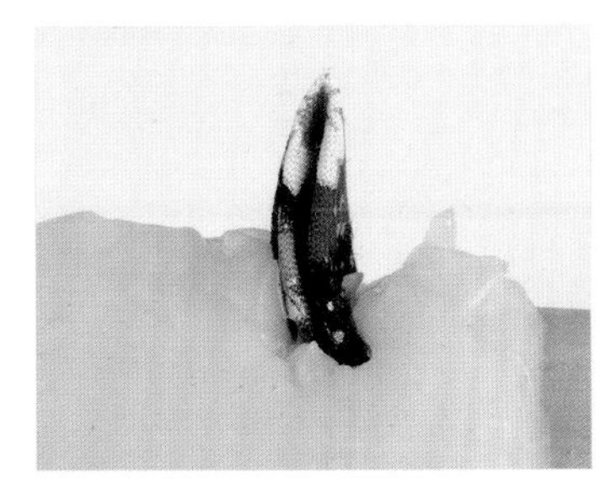

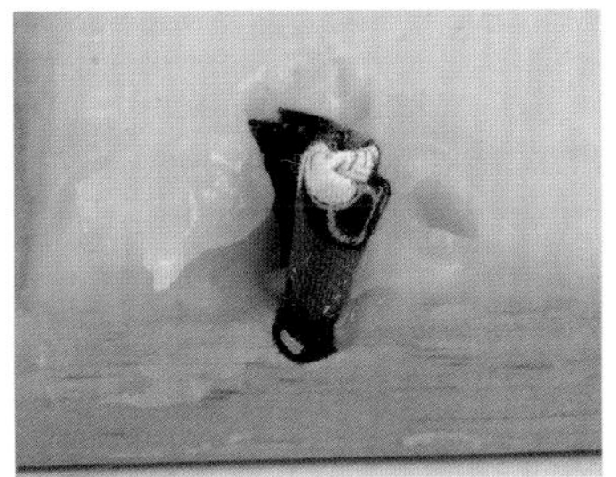

步驟

01 以鑷子夾取花布。

02 用手將花布對摺成三角形。

03 承步驟 2，用手再次將三角形對摺。

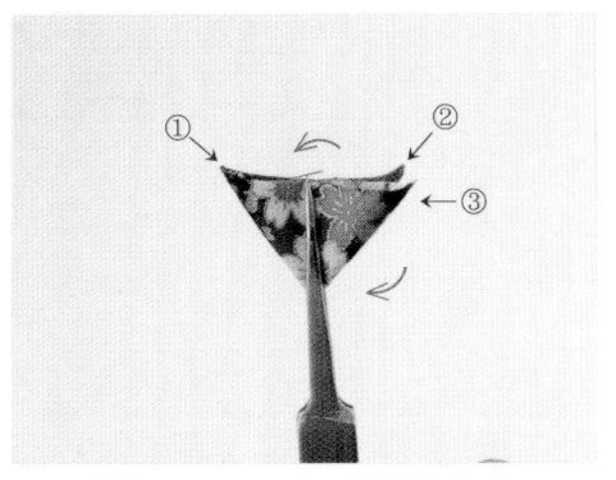

04 如圖，三角形對摺完成。

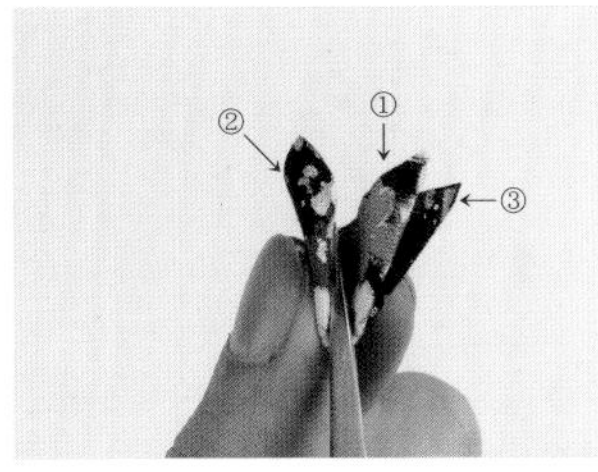

05 承步驟 4，用手將角②和角③往角①對摺，呈花瓣狀。

06 如圖，花瓣 02 製作完成。

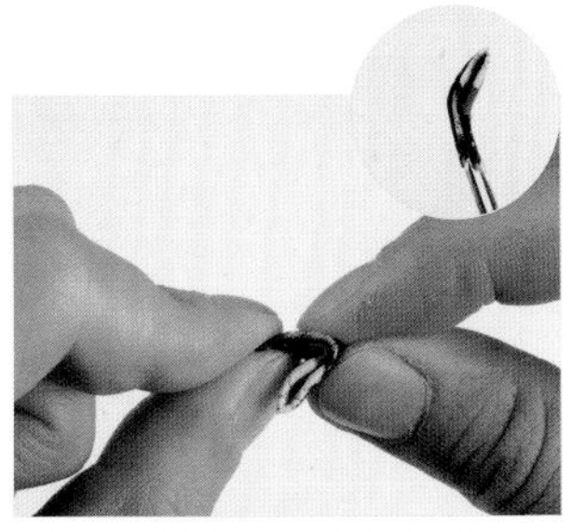

07 將花瓣用手彎成く字形。

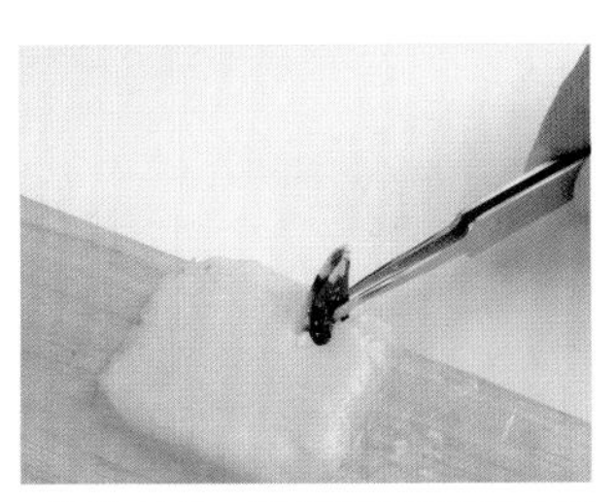

08 最後，將花瓣置於漿糊中定型即可。

◆ 雙色花瓣 01

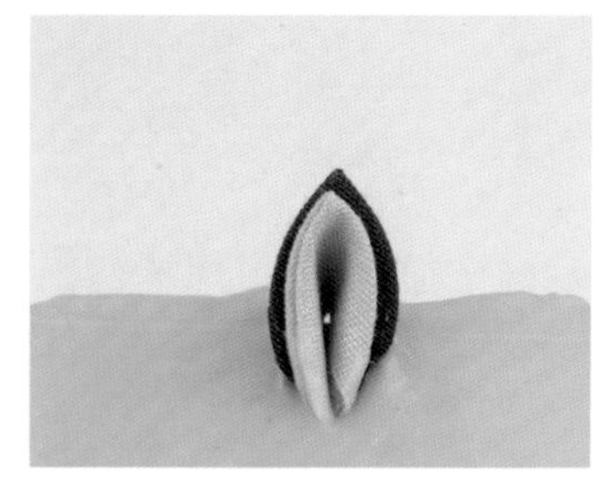

步驟

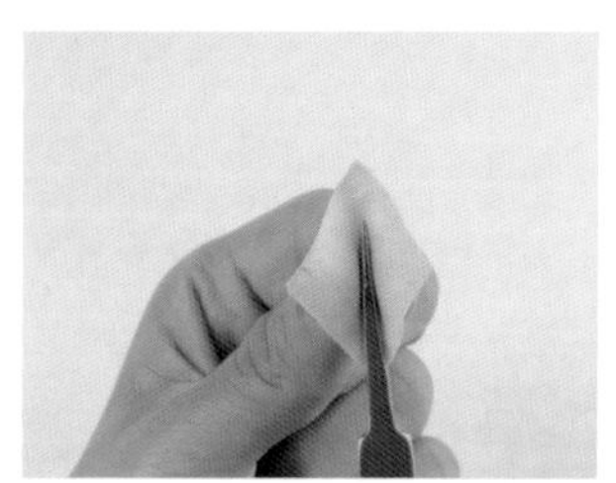

01 先取淺藍布，以鑷子壓出對角線。

02 承步驟 1，用手將淺藍布對折成三角形。

03 承步驟 2，以鑷子為中線，再對折成三角形。

04 先取深藍布，以鑷子壓出對角線。

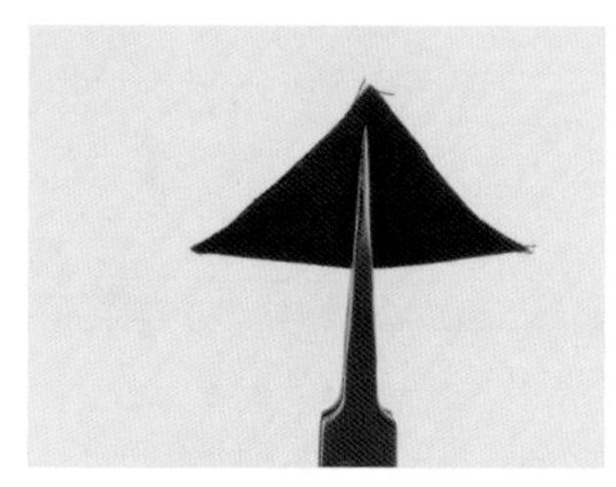

05 承步驟 4，用手將深藍布對折成三角形。

06 承步驟 5，以鑷子為中線，再對折成三角形。

07 取已折成三角形的天藍、深藍布，並以天藍在外側、深藍布在內側的方式重疊擺放。

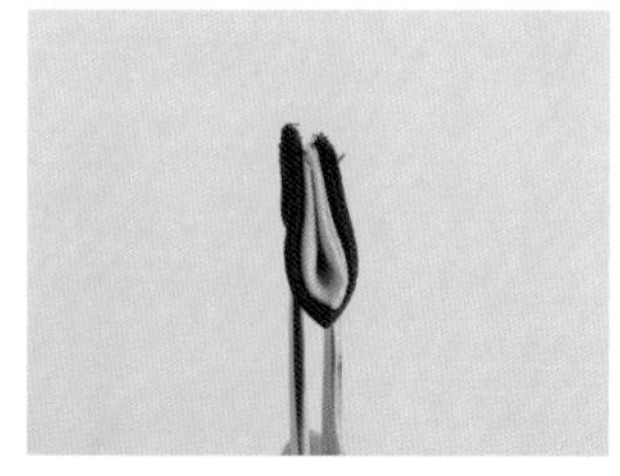

08 承步驟 7，將兩塊布折成三角形，呈現花瓣貌。

09 如圖，雙色花瓣 01 製作完成。

◆ 雙色花瓣 02

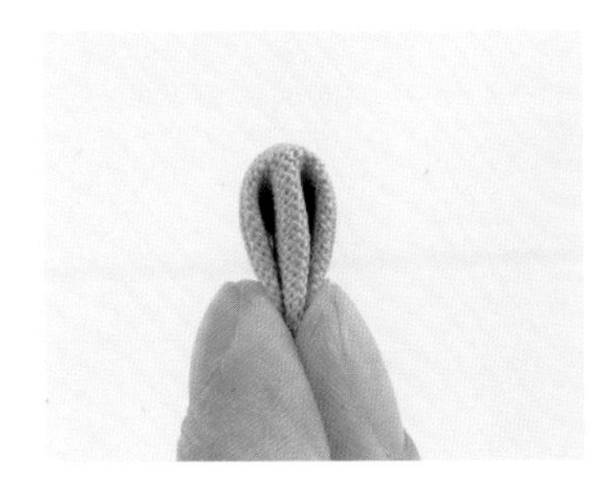

步驟

01 以鑷子夾取紫布。

02 以鑷子壓出對角線，並用手將紫布對折成三角形後，放在旁邊備用。

03 以鑷子夾取粉布。

04 以鑷子壓出對角線，並用手將粉布對折成三角形後，放在旁邊備用。

05 以鑷子夾取粉布和紫布，並對折成三角形。（註：粉布在外側，紫布在內側。）

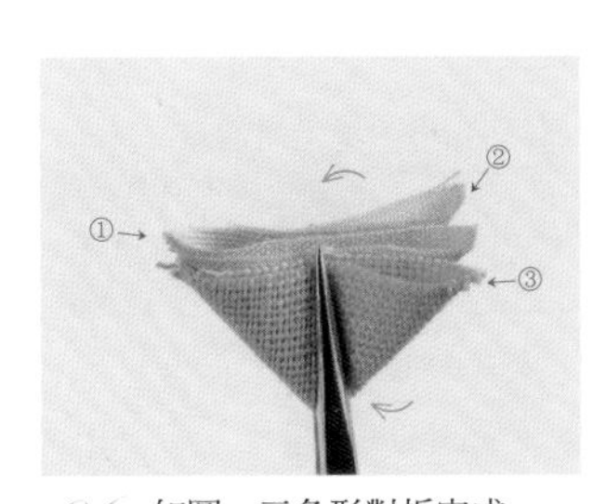

06 如圖，三角形對折完成。

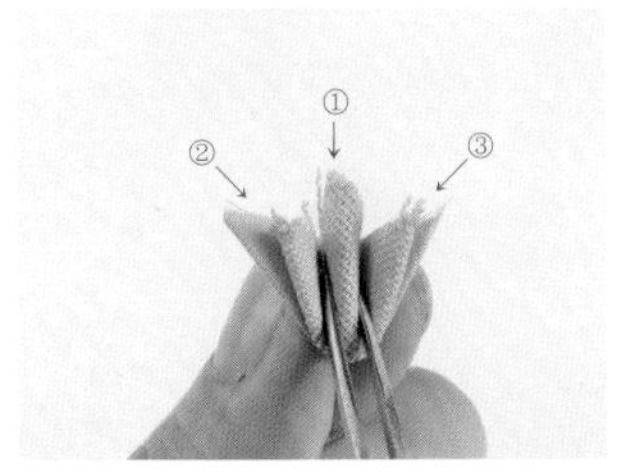

07 用手為輔助，將角②、角③往角①處對折。

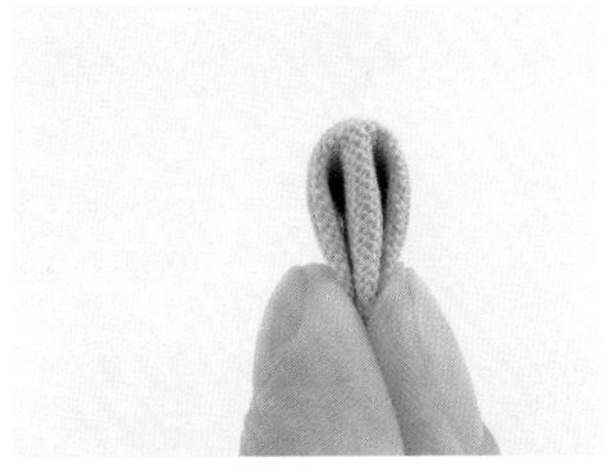

08 如圖，雙色花瓣 02 製作完成。

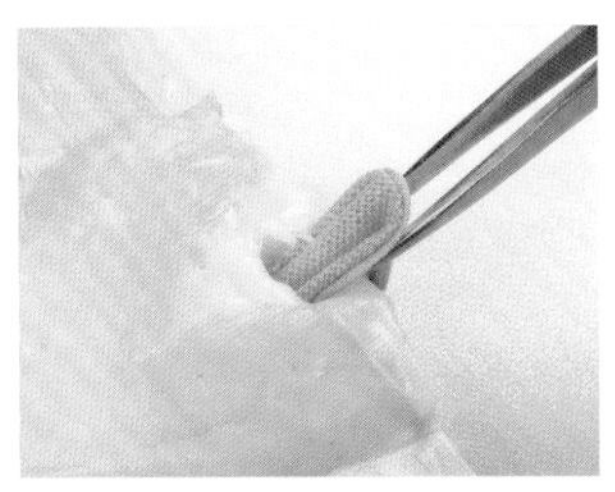

09 最後，將花瓣置於漿糊中定型即可。

◆ 雙色花瓣 03

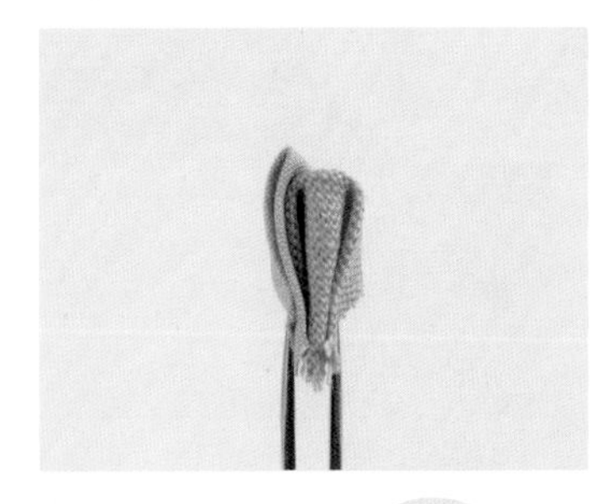

步驟

01 以鑷子壓出對角線，並用手將紫布對折成三角形後，放在旁邊備用。

02 以鑷子夾取粉布。

03 以鑷子壓出對角線，並用手將粉布對折成三角形後，放在旁邊備用。

04 以鑷子夾取粉布和紫布，並對折成三角形。（註：粉布在外側，紫布在內側。）

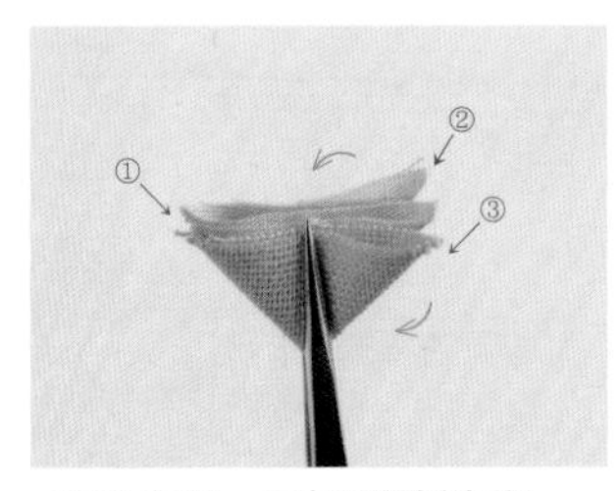

05 如圖，三角形對折完成。

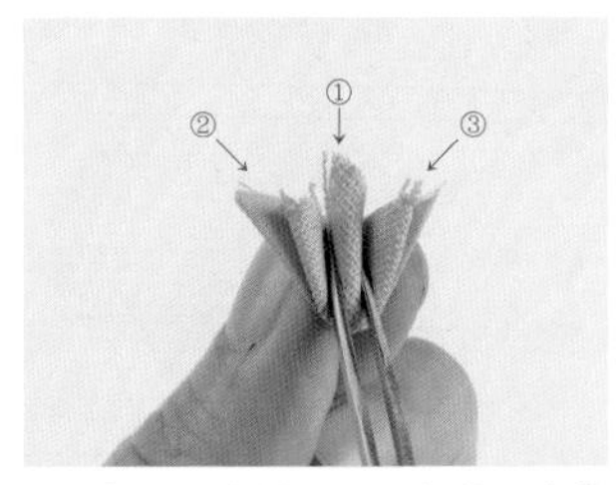

06 用手為輔助，將角②、角③往角①處對折。

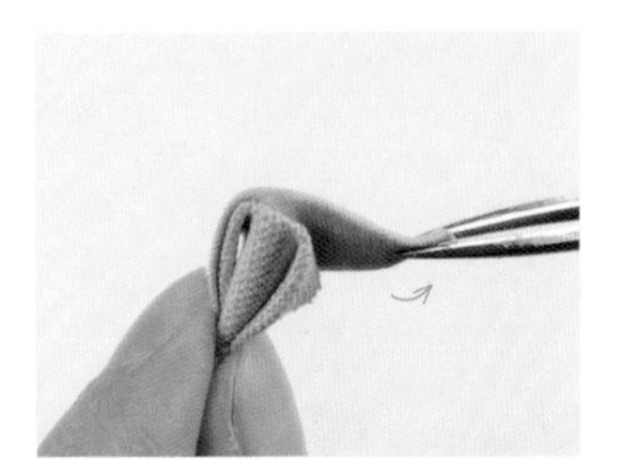

07 以鑷子夾取右側紫色花瓣。

08 承步驟 6，將右側紫色花瓣往左側紫色花瓣擺放。

09 如圖，雙色花瓣 03 製作完成。

雙色花瓣 04

步驟

01 以鑷子壓出對角線，並將綠布對折成三角形後，放在旁邊備用。

02 以鑷子夾取紅布，並壓出對角線，並將紅布對折成三角形。

03 以鑷子夾取綠布和紅布。（註：以綠布在下，紅布在上的方式擺放。）

04 承步驟 3，將兩布片對折成三角形。

05 承步驟 4，再次將三角形對折，呈花瓣狀。

06 如圖，花瓣製作完成。

07 重複步驟 1-2，並以紅布在下，綠布在上的方式擺放。

08 承步驟 7，將布對折成三角形。

09 承步驟 8，再次將三角形對折，即完成花瓣。

 花蕊的製作方式

◆ 花蕊製作

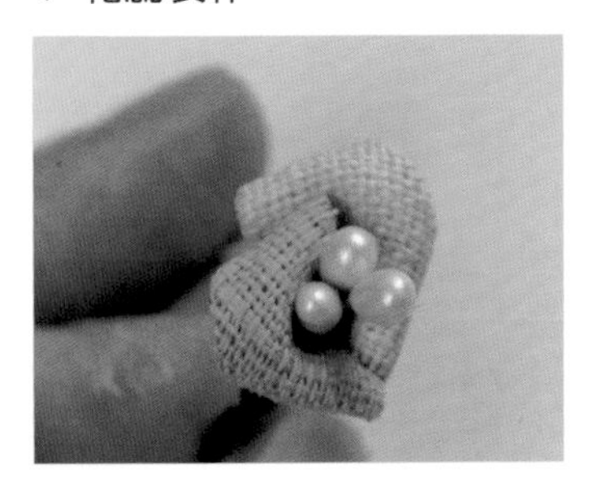

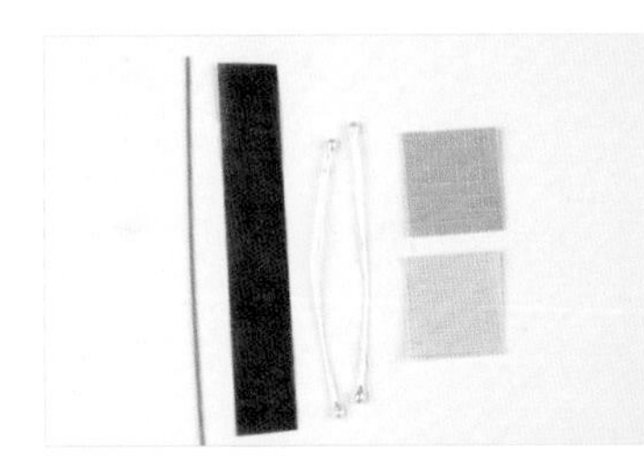

材料：

花蕊 2
鐵絲 1 支
深粉布 1 片
淺粉布 1 片
咖啡色紙膠帶 1 段

步驟

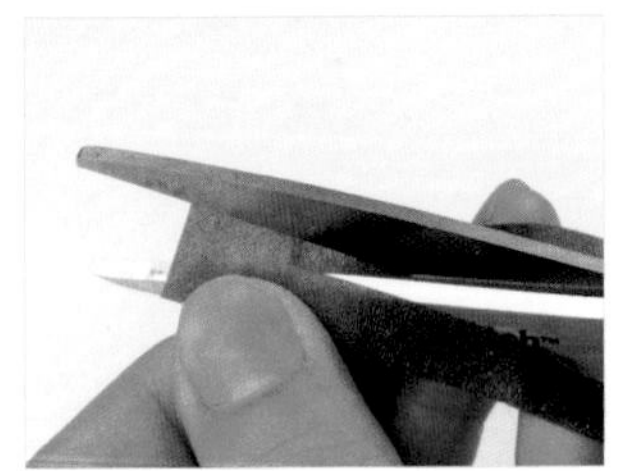

01 取一段咖啡色紙膠帶，並以剪刀將紙膠帶剪一半。

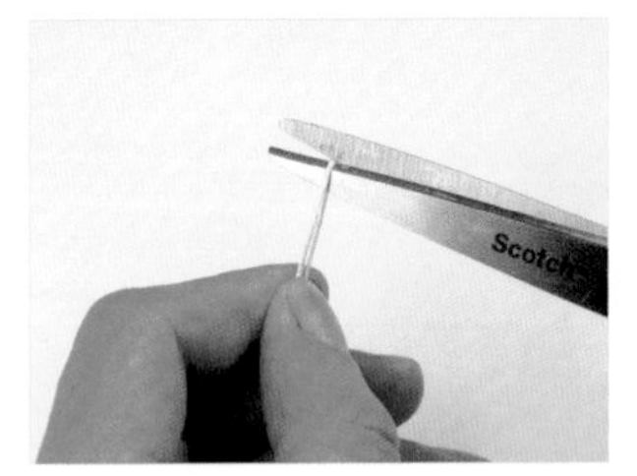

02 取一花蕊，先將花蕊對折，再以剪刀從對折處剪成兩段。

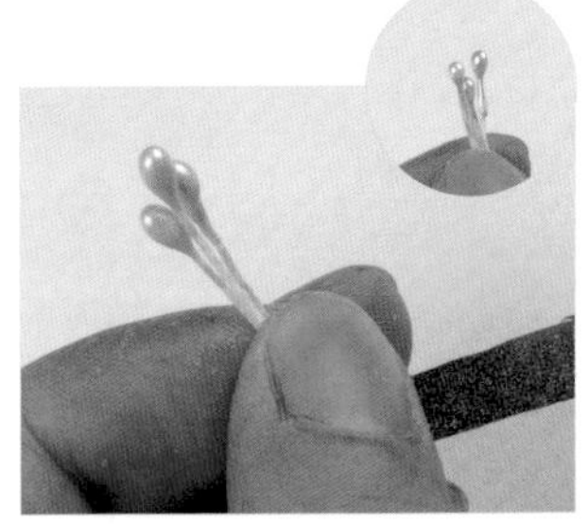

03 取三根已裁剪過的花蕊，以咖啡色紙膠帶纏繞花蕊根部。

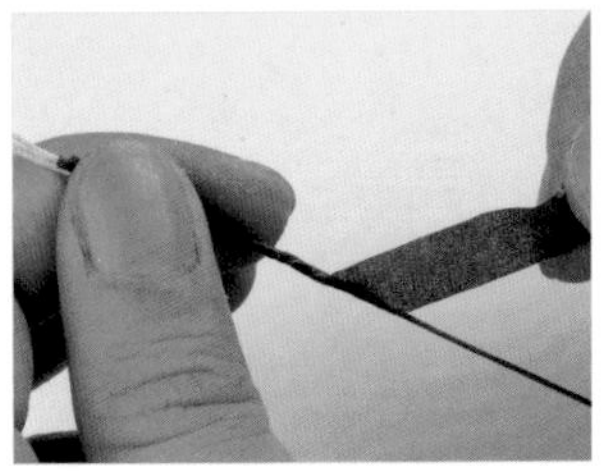

04 承步驟 3，將鐵絲置於咖啡色紙膠帶纏繞處下方，並依序向下纏繞。

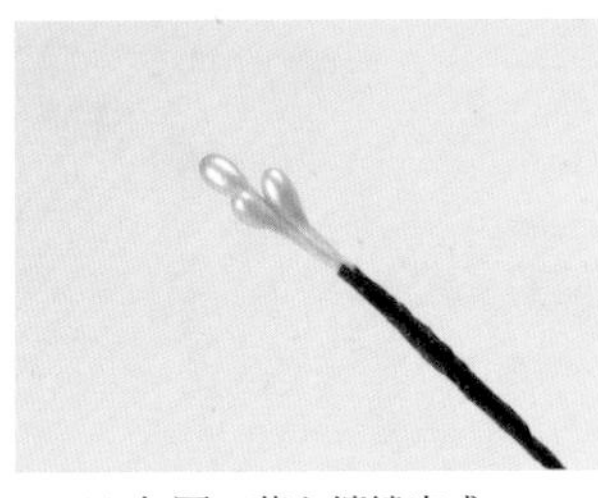

05 如圖，花心纏繞完成。

06 以鑷子於淺粉布上輕壓出對角線並順勢對折。

07 以鑷子夾於三角形布片中央處。

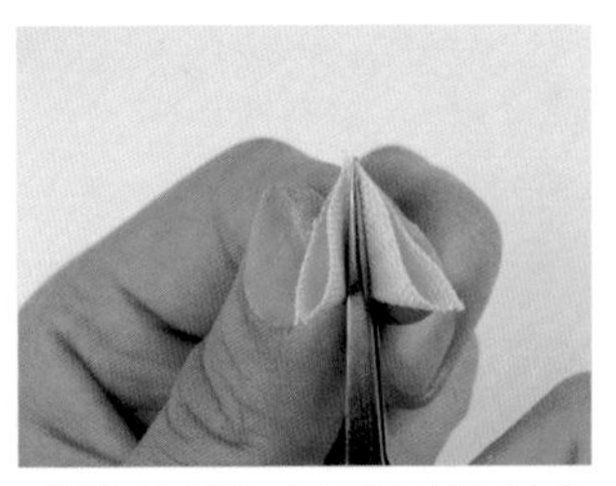

08 承步驟，用手將三角形布片再次對折。

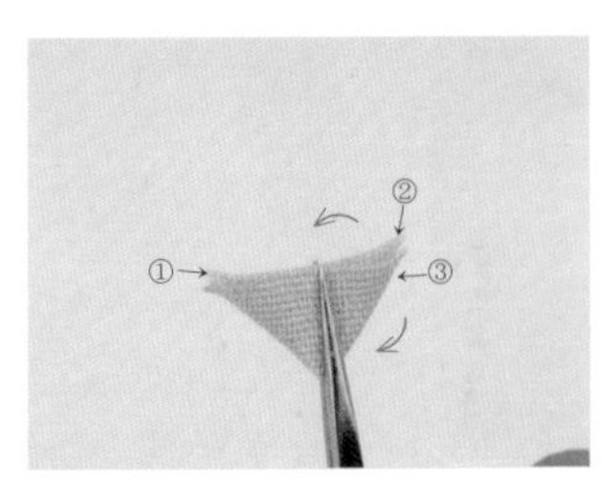

09 如圖，三角形完成。

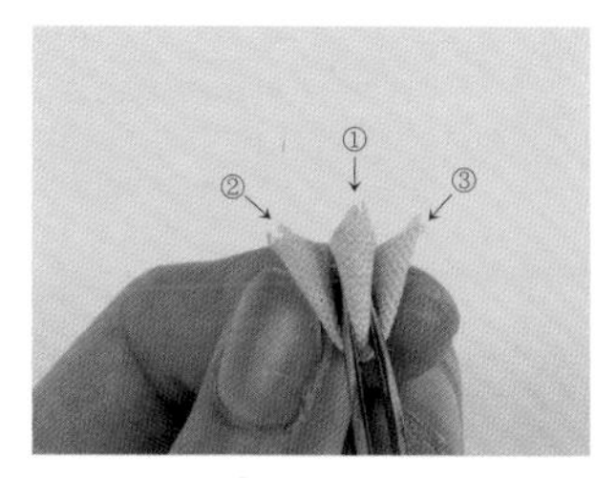

10 將角②、角③往角①處對折。

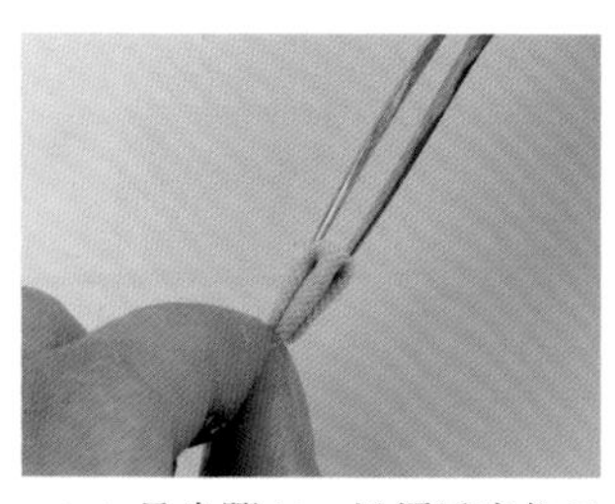

11 承步驟 10，以鑷子夾住三角形布片尾端，呈現花瓣貌。

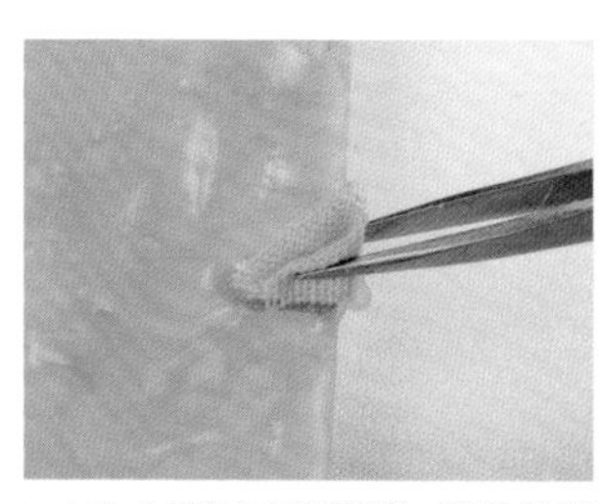

12 以鑷子夾取花瓣，置於漿糊中固定。

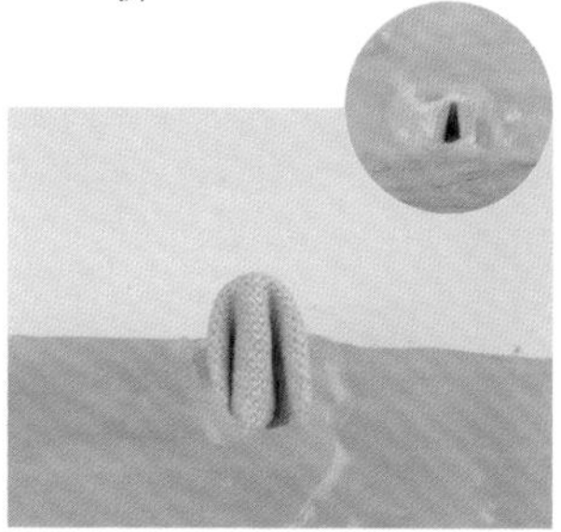

13 如圖，淺粉花瓣製作完成。

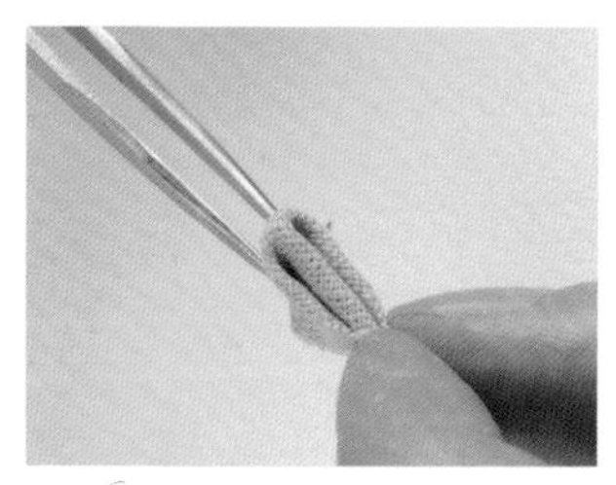

14 重複步驟 6-13，完成深粉色花瓣。

15 以鑷子夾取花瓣置於漿糊中。

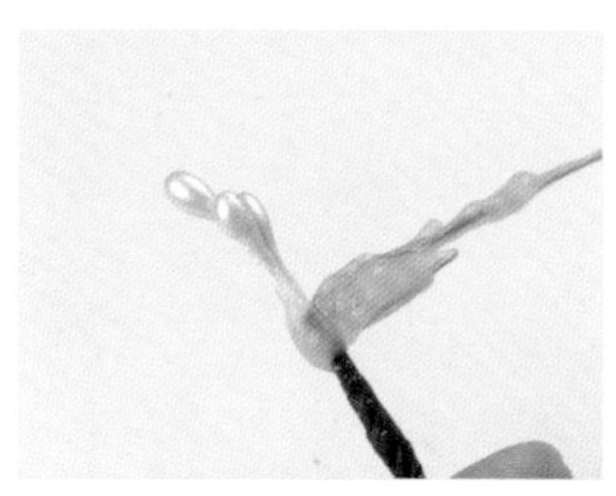

17 取步驟 5 花心，並在花蕊根部塗上漿糊。

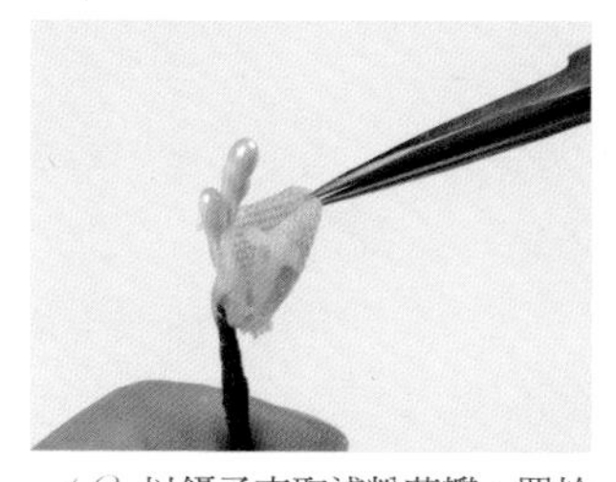

18 以鑷子夾取淺粉花瓣，置於塗抹漿糊處。

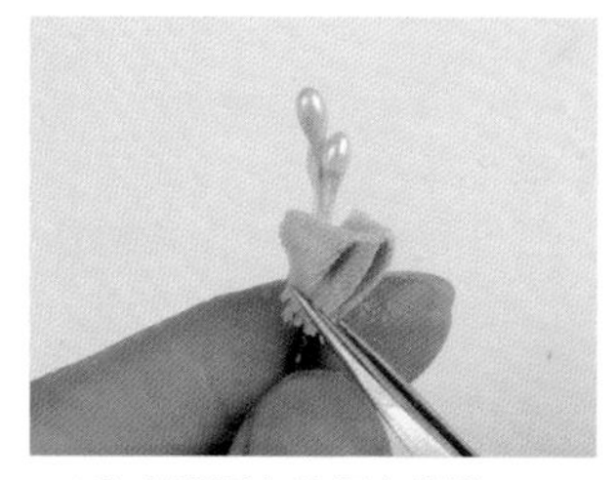

19 以鑷子加強固定花瓣。

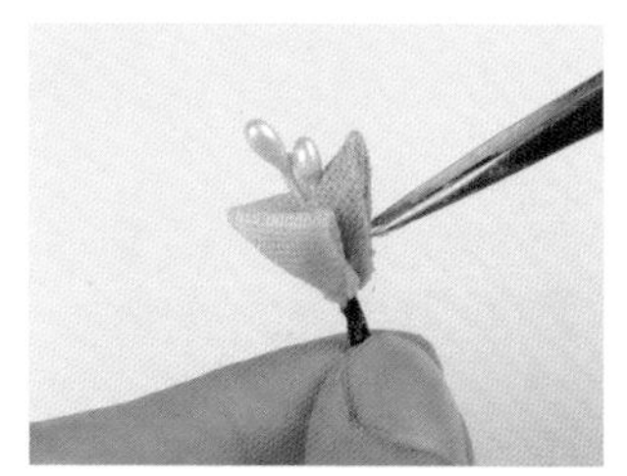

20 以鑷子夾取深粉花瓣，交叉放置於花心另一側。

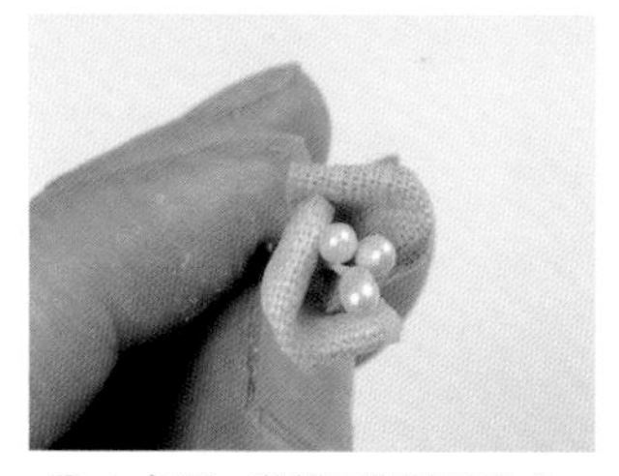

21 如圖，花瓣交錯擺放完成。

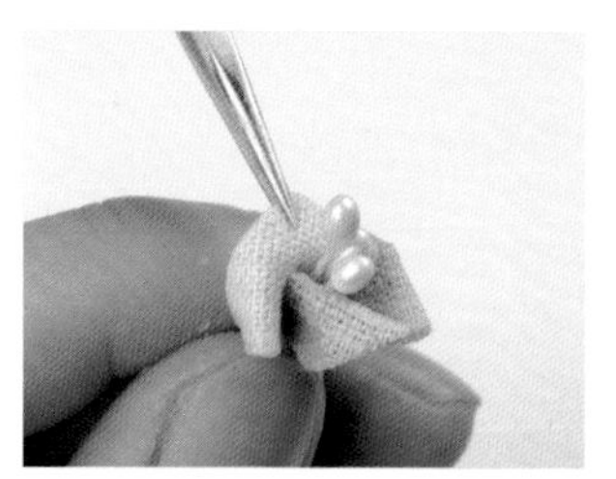

22 最後，以鑷子調整花瓣，使花瓣呈現立體感即可。

◆ 花苞製作製作

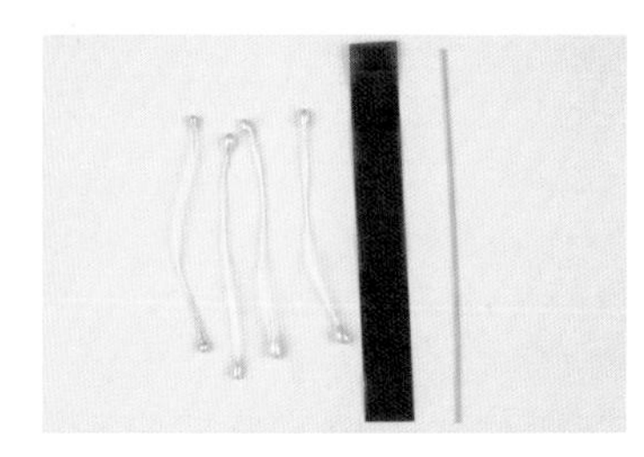

材料：

鐵絲 1 支
粉色花蕊 1 根
米色花蕊 3 根
咖啡色紙膠帶 1 段

步驟

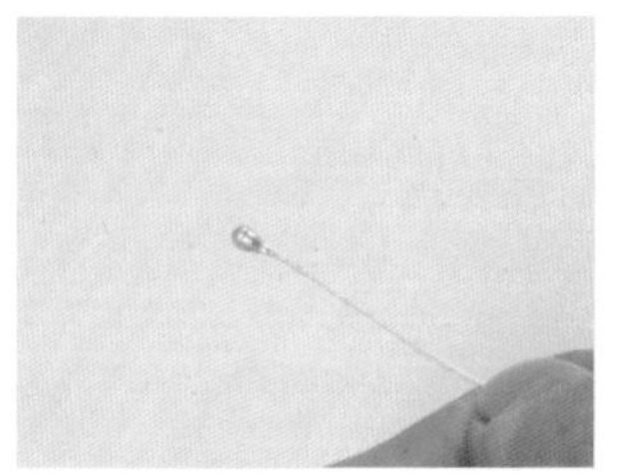

01 取粉色花蕊。

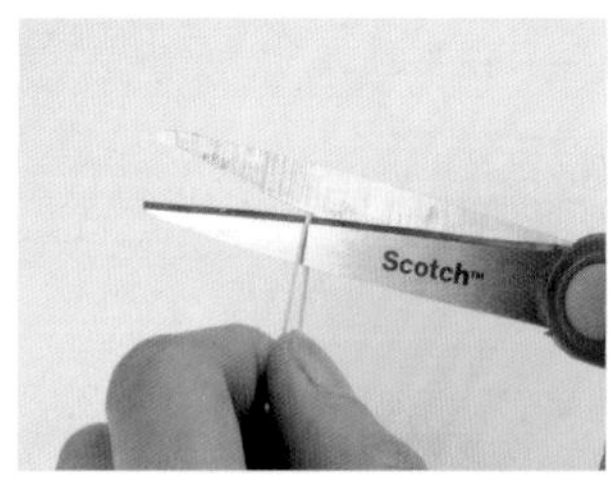

02 先將花蕊對折，再以剪刀將粉色花蕊剪成兩段。

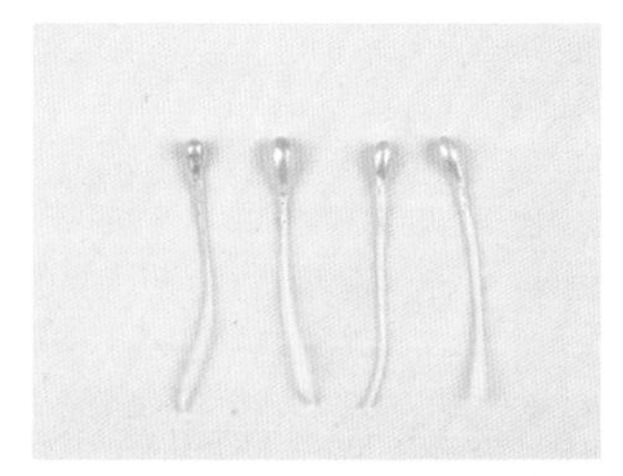

03 重複步驟 2，依序將米色及粉色花蕊剪成兩段。

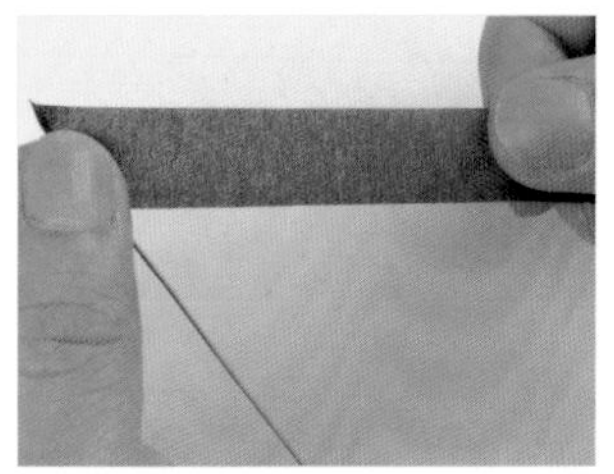

04 取咖啡色紙膠帶，並將紙膠帶纏繞於鐵絲上。

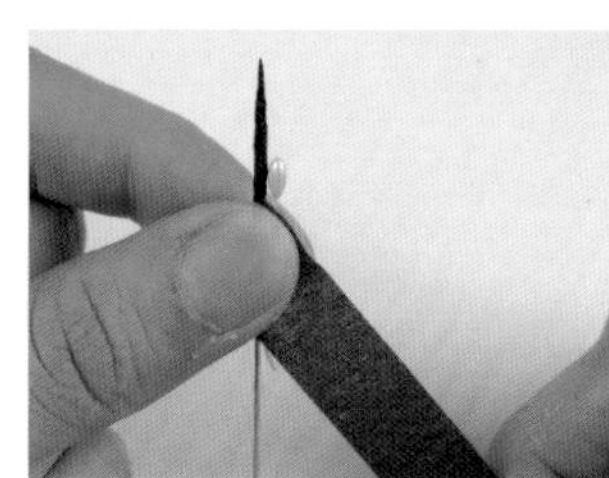

05 承步驟 4，依序向下纏繞後，再取米色花蕊 1 放置於咖啡色紙膠帶內側。

06 承步驟 5，將咖啡色紙膠帶以螺旋的方式向下纏繞，再取米色花蕊放於鐵絲側邊。

07 承步驟 6，將咖啡色紙膠帶向下纏繞米色花蕊和鐵絲，再取一粉色花蕊。

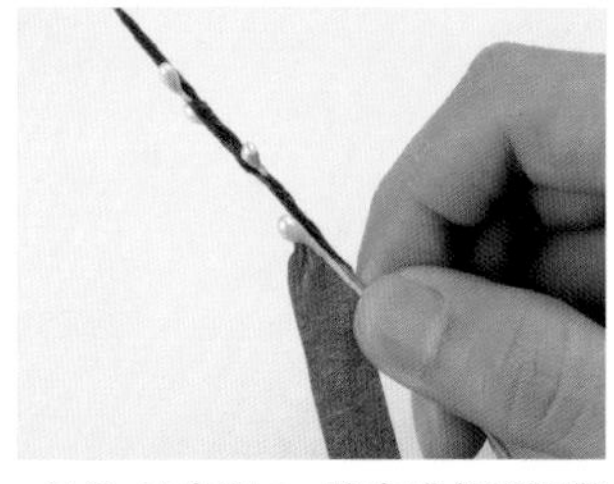

08 承步驟 7，將咖啡色紙膠帶向下纏繞粉色花蕊和鐵絲。

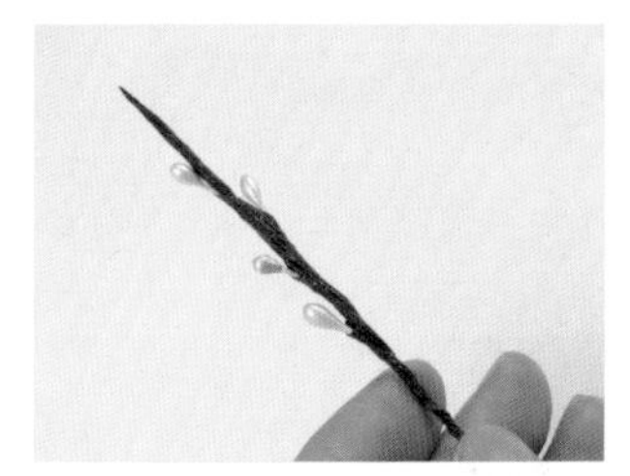

09 最後，用手將咖啡色紙膠帶纏至鐵絲尾端即可。

葉子的製作方式

◆ 單色葉子 01

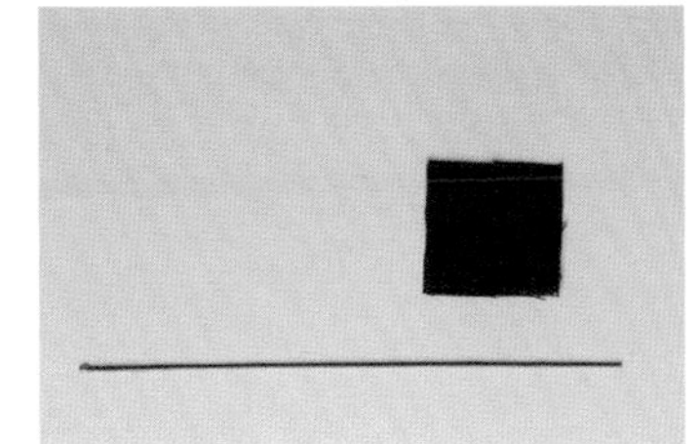

材料：
鐵絲 1 支
深綠布 1 片

步驟

01 以鑷子於深綠布上輕壓出對角線。

02 承步驟 1，將深綠布對摺。

03 以鑷子夾於三角形布片中央處。

04 承步驟 3，將三角形布片再次對摺。

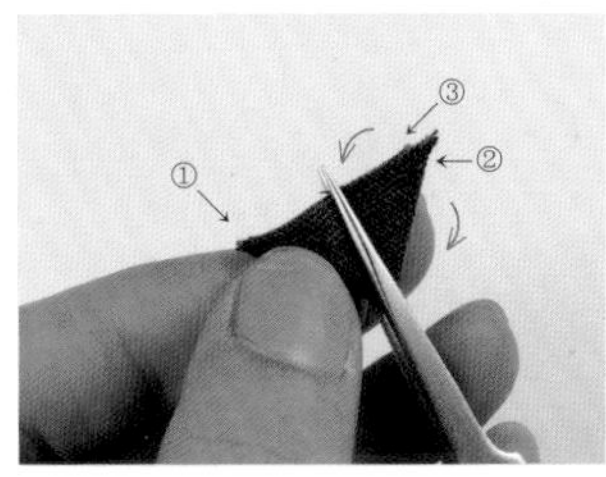

05 如圖，三角形完成。

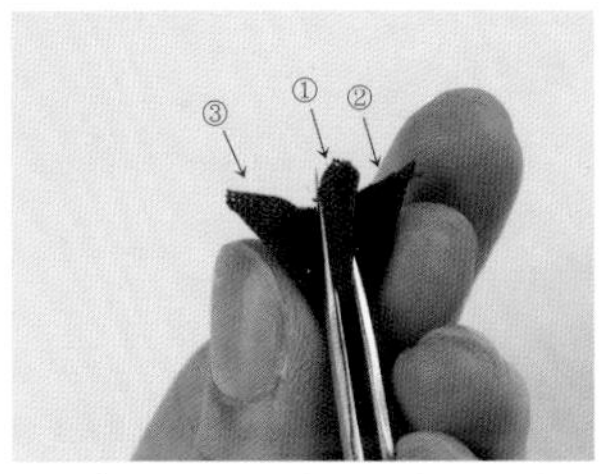

06 用手將角②、角③往角①處對折。

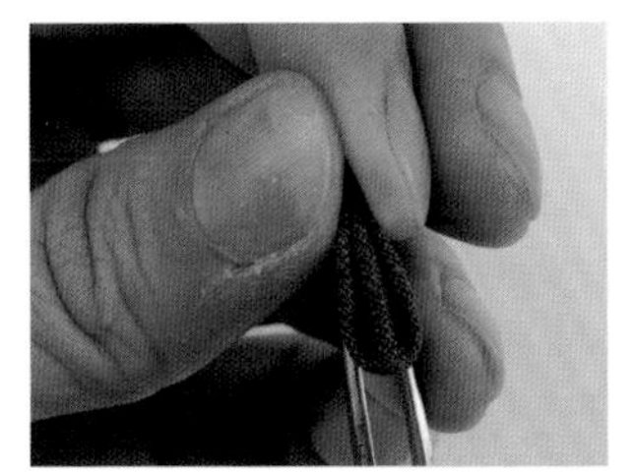

07 承步驟 6，以鑷子夾住三角形布片尾端，呈現葉子貌。

08 以鑷子夾取葉子，置於漿糊中固定。

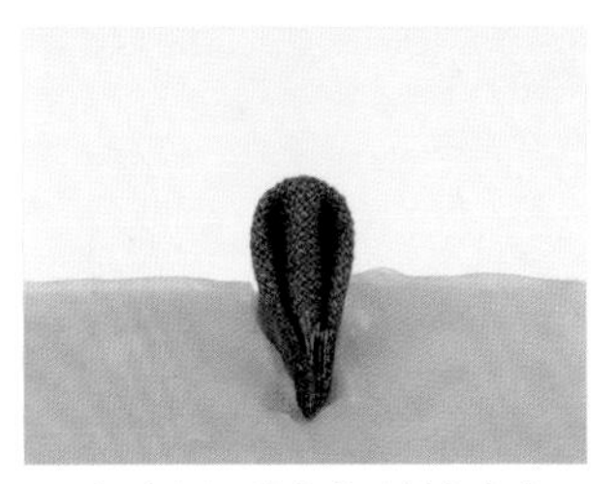

09 如圖，單片葉子製作完成。

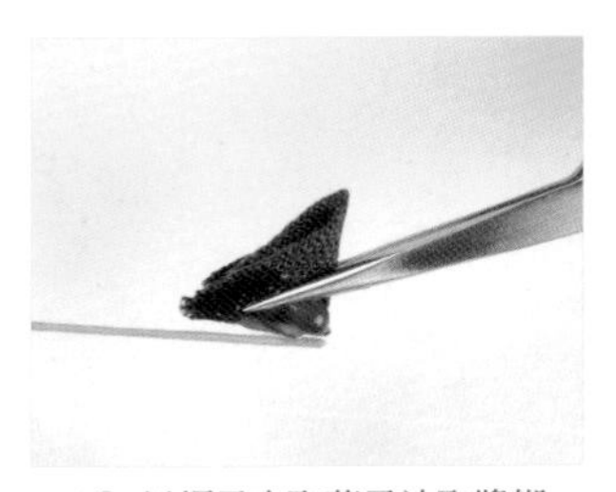

10 以鑷子夾取葉子沾取漿糊，置於鐵絲上方。

11 承步驟 10，將鐵絲放置到葉子內側開口處並塗上漿糊。

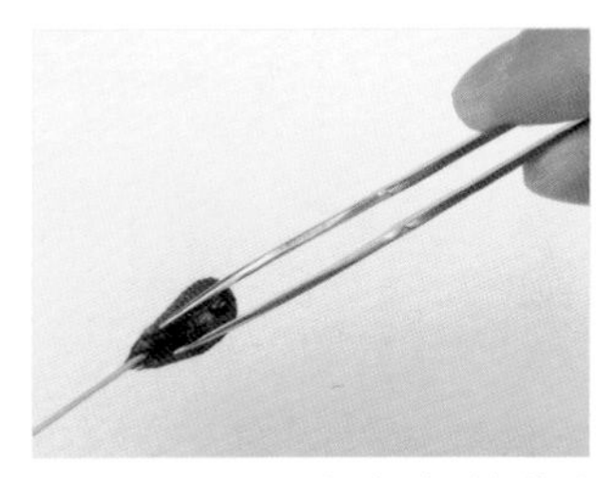

12 最後，以鑷子加強固定葉子即可。

◆ 單色葉子 02

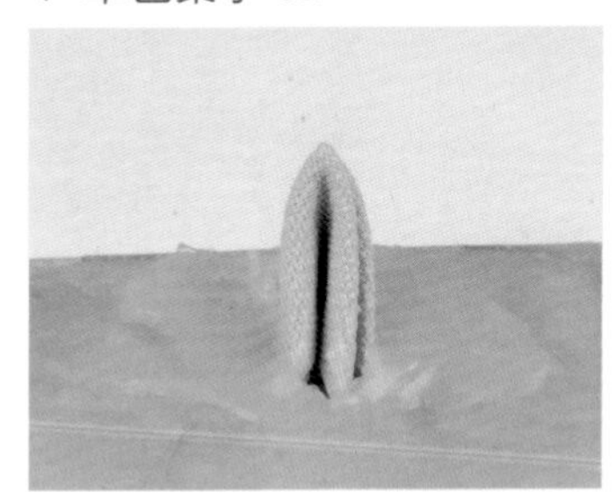

步驟

01 以鑷子夾取綠布。

02 以鑷子將大綠布對折成三角形。

03 以鑷子壓住三角形中線，用手將三角形對折。

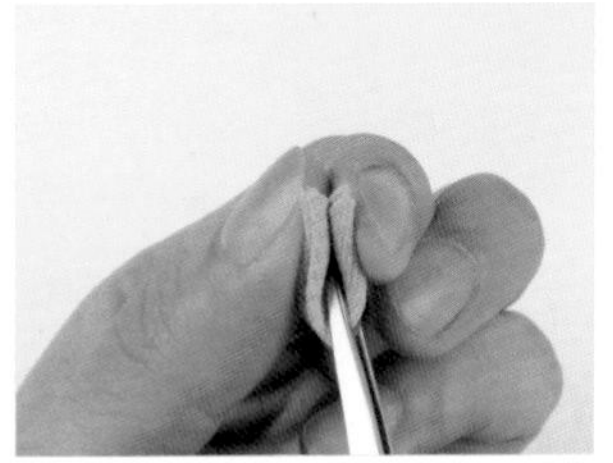

04 承步驟 3，再次將三角形對折，即完成葉子製作。

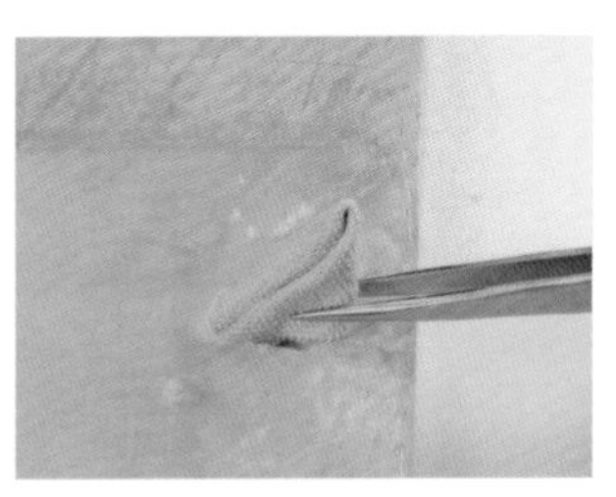

05 最後，將葉子置於漿糊中固定即可。

◆ 雙色葉子

雙色圓形葉子

雙色尖形葉子

Tip：
1. 雙色圓形葉子可參考步驟 1-20。
2. 雙色尖形葉子可參考步驟 21-27。

材料：
鐵絲 1 支
淺綠布 3 片
深綠布 3 片

步驟

01 以鑷子於淺綠布上輕壓出對角線。

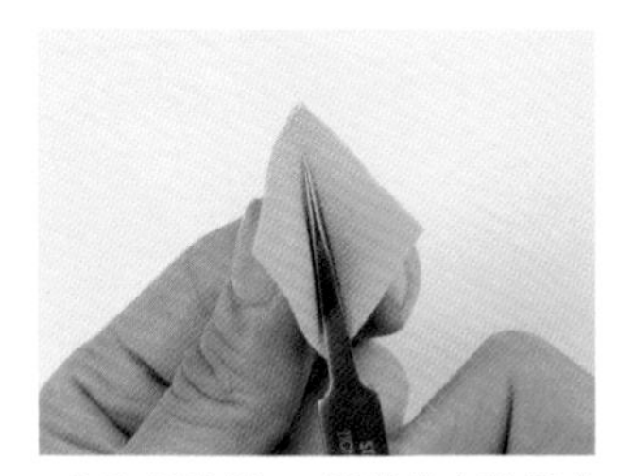

02 承步驟 1，將淺綠布對折成現三角形。（註：可用手指暫時固定已對折的布片。）

03 重複步驟 1-2，取深綠色布片，做出另一個三角形。

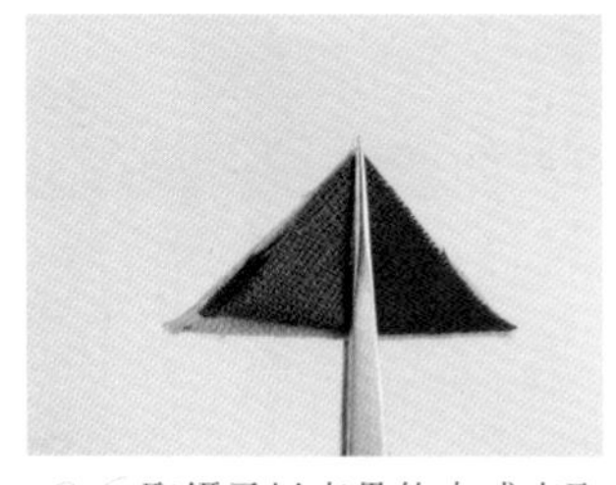

04 取鑷子以交疊的方式夾取深、淺綠三角形。

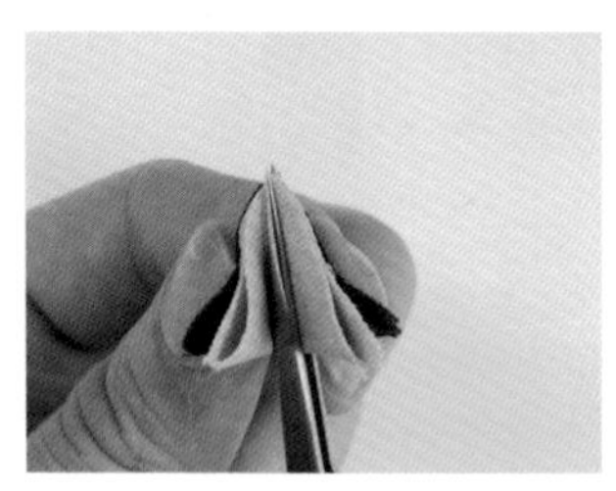

05 承步驟 4，將三角形布片再次對折。

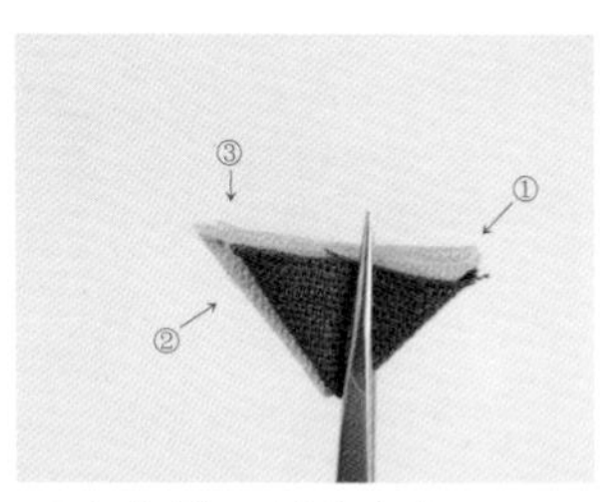

06 如圖，三角形完成。

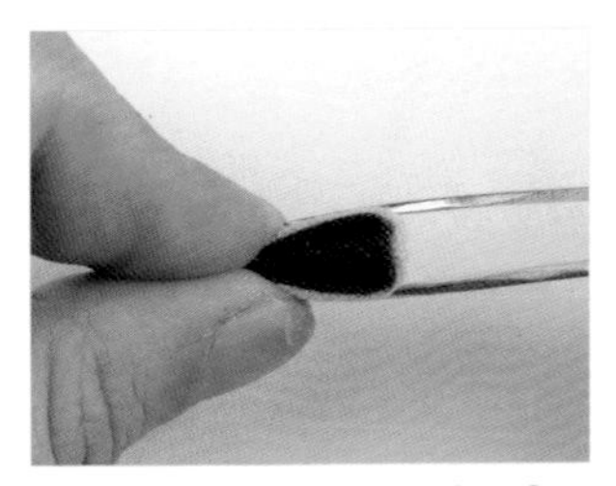

07 用手，將角②、角③往①處對折，呈現葉子貌。

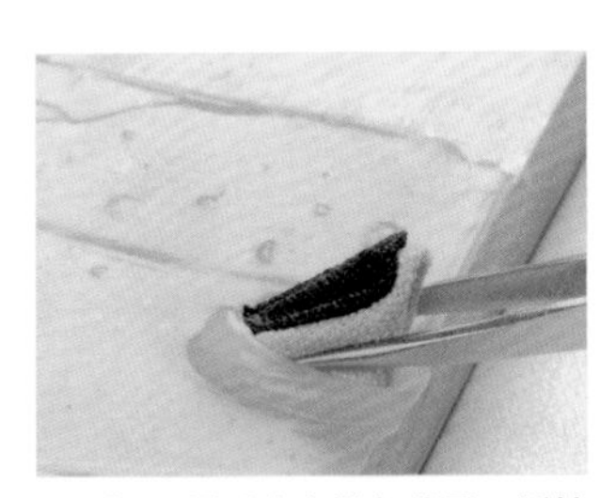

08 以鑷子夾取雙色葉子，置於漿糊中固定。

09 以夾子夾住雙色葉子，可加快布片固定。

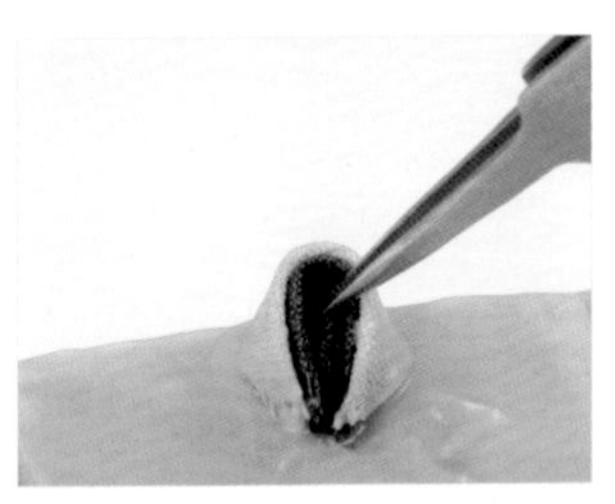

10 以鑷子輕壓雙色葉子中間。

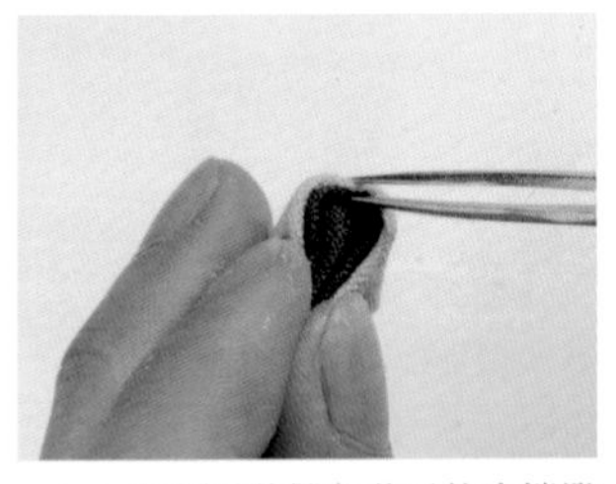

11 以鑷子將雙色葉子的尖端彎成圓形。

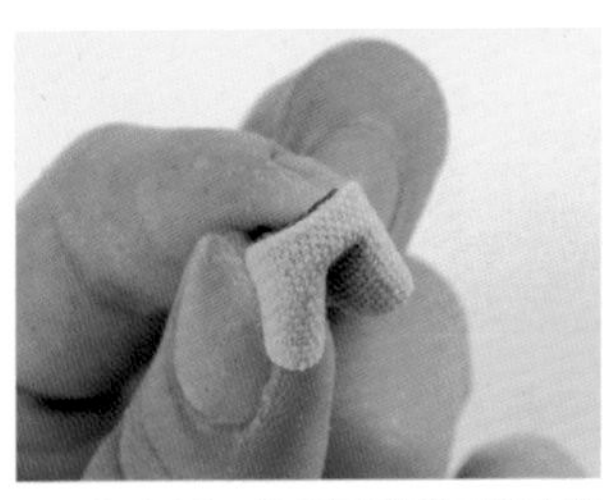

12 如圖，雙色圓形葉子製作完成。（註：可先完成 3 片圓形葉子備用。）

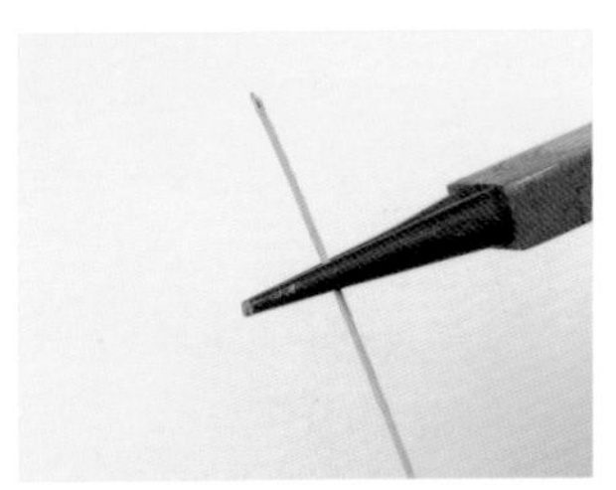

13 取鐵絲，並以圓嘴鉗夾住鐵絲。（註：尖嘴鉗上方須預留一段鐵絲。）

14 用手將預留鐵絲順勢向下彎折。

15 重複步驟 14，依序向下彎折鐵絲，直至呈現水滴形。

16 如圖，鐵絲彎折完成。

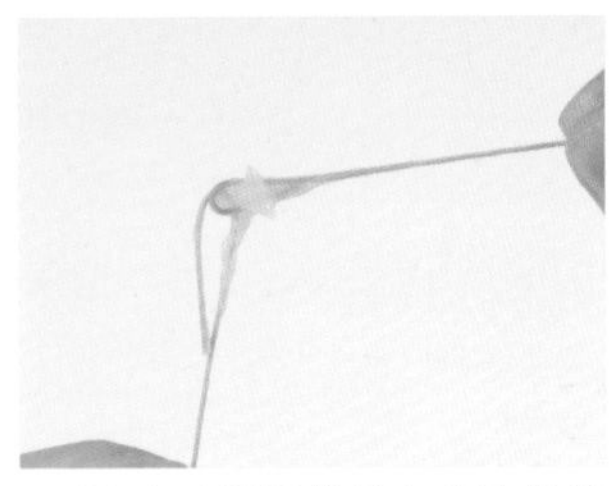

17 在已彎折鐵絲上方塗抹漿糊。

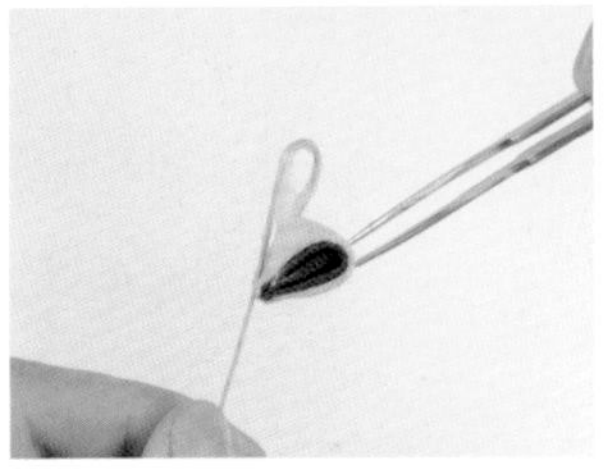

18 承步驟 17，以鑷子夾取預先做好的雙色圓形葉子，並放置鐵絲上方。

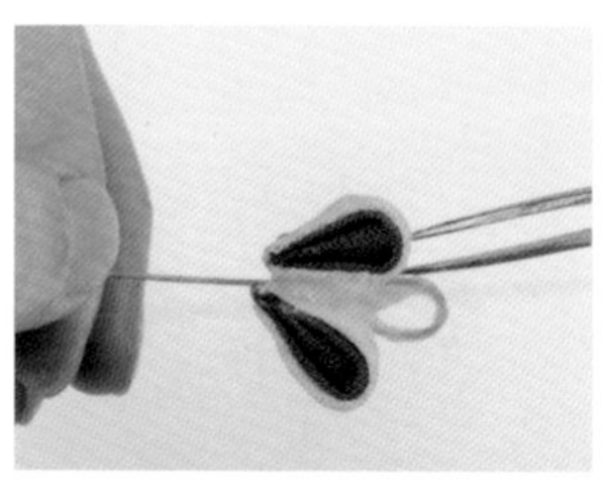

19 重複步驟 18，取第二片雙色圓形葉子，放置在第一片葉子側邊。

20 最後，以鑷子夾取第三片雙色圓形葉子，放置在兩片葉子中間即可。

21 重複步驟 1-9，完成雙色葉子。

22 取已固定的雙色葉子，並用手加強按壓葉子，使雙色葉子呈現尖形。

23 如圖，雙色尖形葉子製作完成。（註：可先完成 3 片尖形葉子備用。）

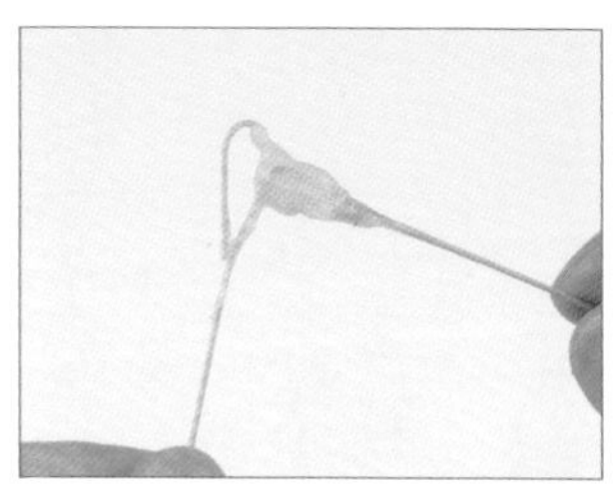

24 在已彎折鐵絲上方塗抹漿糊。

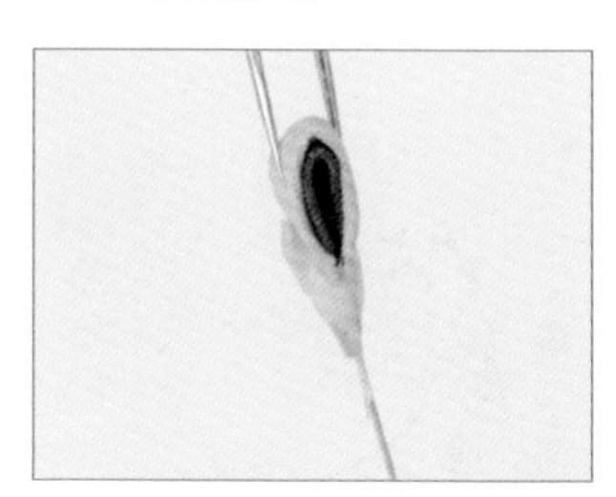

25 承步驟 24，以鑷子夾取預先做好的雙色尖形葉子，並放置鐵絲上方。

26 重複步驟 18，取第二片雙色尖形葉子，放置在第一片葉子下側。

27 最後，以鑷子夾取第三片雙色尖形葉子，放置在兩片葉子側邊即可。

Part 2
實際動手作
つまみ簪

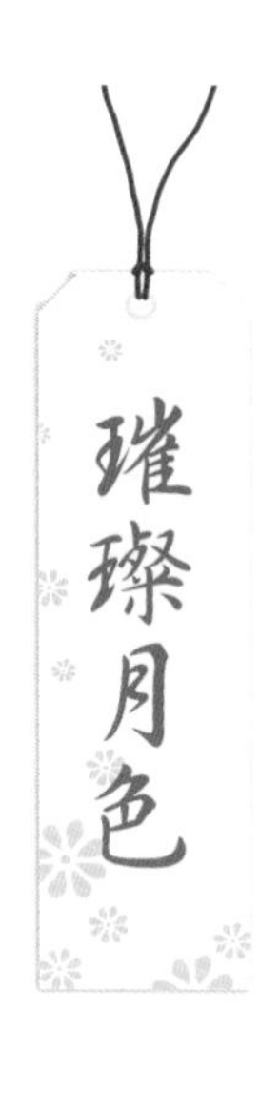

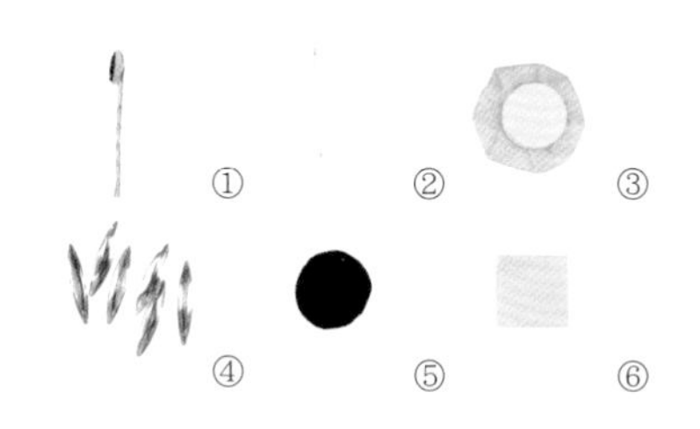

1. 一字夾 1 個　4. 水鑽 6 顆
2. 花蕊 1 根　5. 黑色圓形不織布 1 片
3. 底座 1 個　6. 淺黃布 6 片 (2cm)

步驟

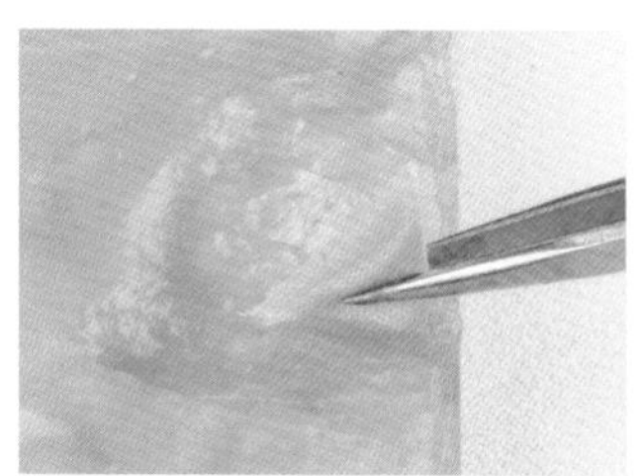

01 預先製作好所須的花瓣，並以鑷子夾取已定型的花瓣。

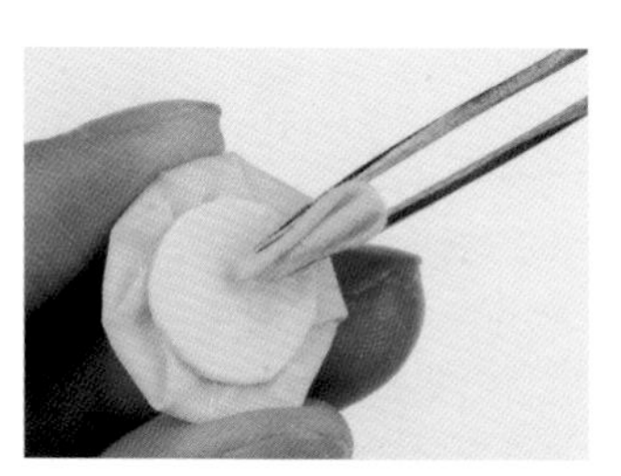

02 先以花瓣沾取漿糊，再放置於底座上方。

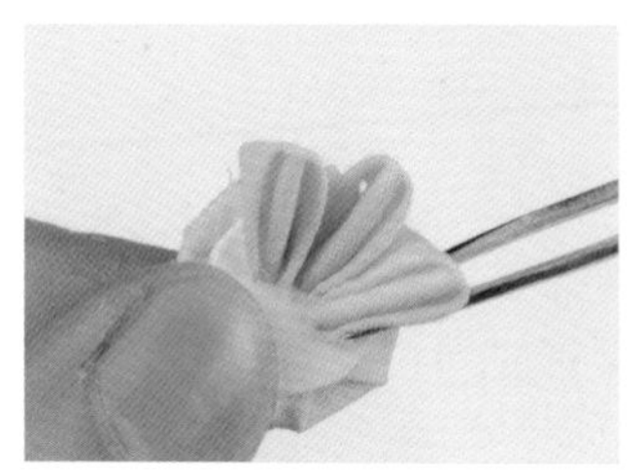

03 重複步驟 2，依序取兩片花瓣擺放至底座上方。

04 重複步驟 3，依序將花瓣放置於底座，逐漸呈現花朵貌。

05 以鑷子將花瓣前端向內彎折，增加布花立體感。

06 如圖，布花製作完成。

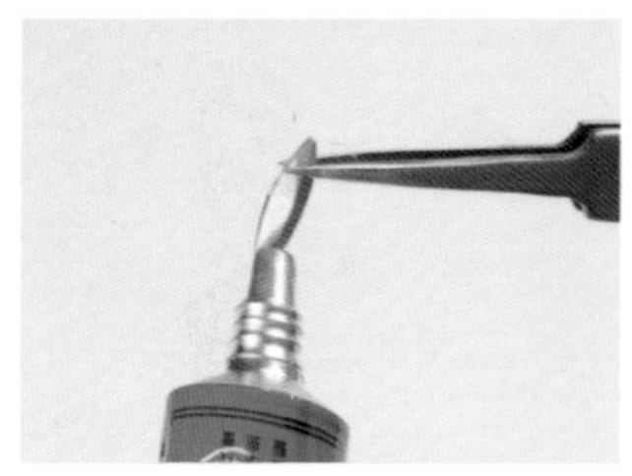

07 在水鑽背面沾取強力膠。

08 承步驟 7，以鑷子夾取水鑽，擺放於兩花瓣之間。

09 重複步驟 7-8，依序將水鑽黏貼於布花上。

10 如圖，水鑽黏貼完成。

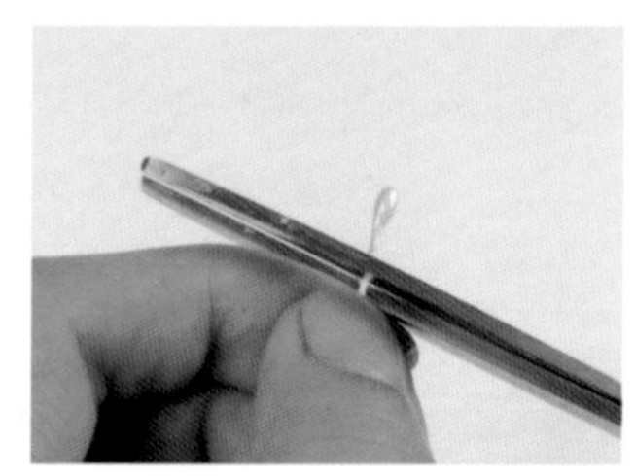

11 以剪刀剪下一段花蕊。

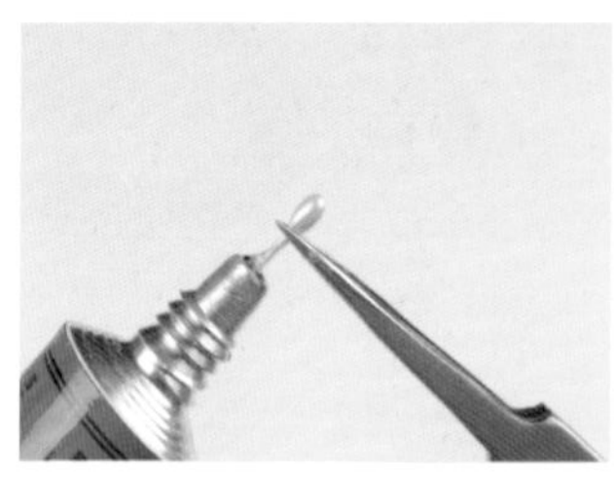

12 承步驟 11，在花蕊尾端沾取強力膠。

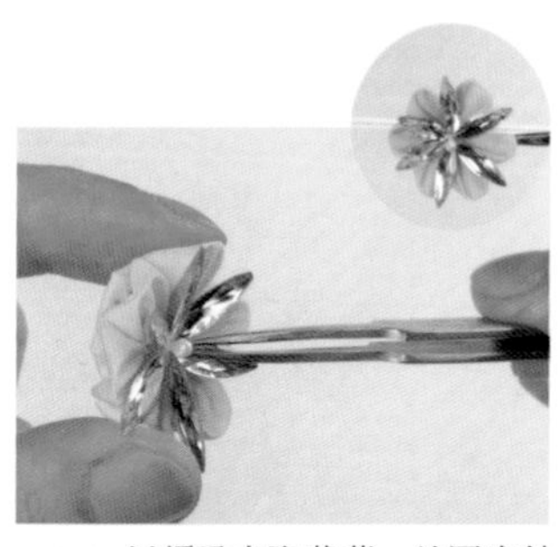

13 以鑷子夾取花蕊，並固定於水鑽中心。

14 在花朵底座塗上熱熔膠。

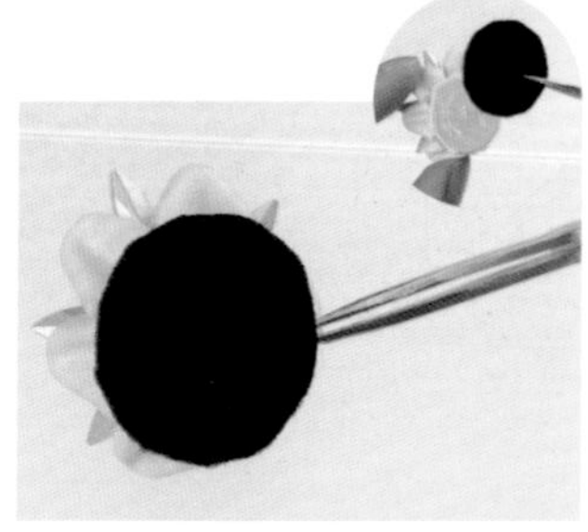

15 取黑色圓形不織布，擺放於熱熔膠上方。

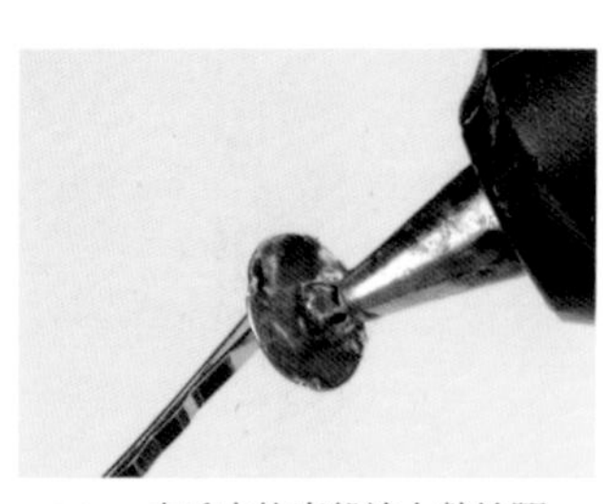

16 在毛夾的底盤塗上熱熔膠。

17 最後以鑷子夾取布花，固定於毛夾上方即可。

18 如圖，布花飾品製作完成。

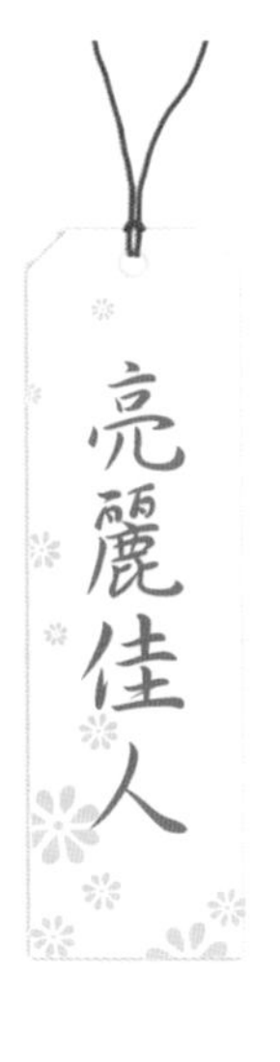

亮麗佳人

材料

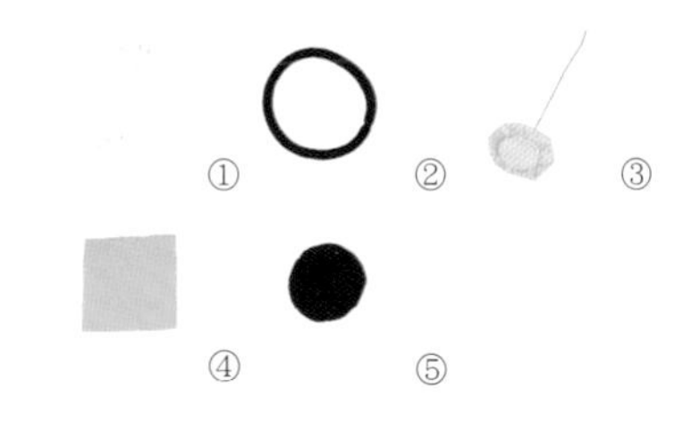

1. 花蕊 3 根
2. 髮圈 1 個
3. 鐵絲底座 1 個
4. 亮黃布 1 片（2.6cm）
5. 黑色圓形不織布 1 片

步驟

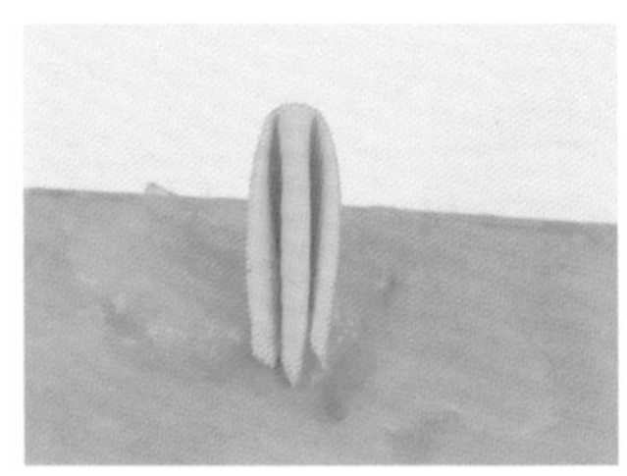

01 預先製作好所須的花瓣。

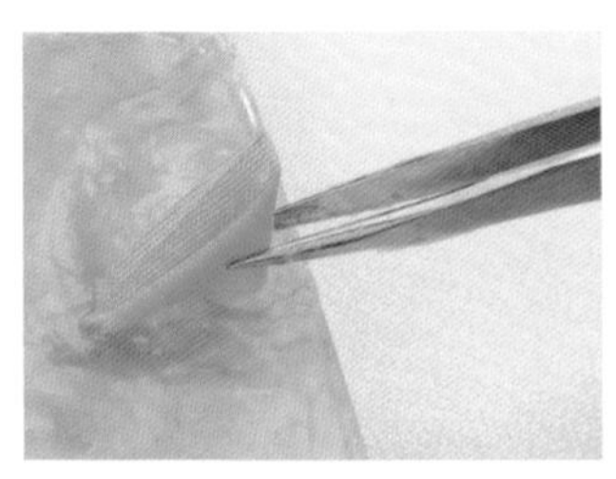

02 以鑷子夾取已定型的花瓣，並再次沾取漿糊。

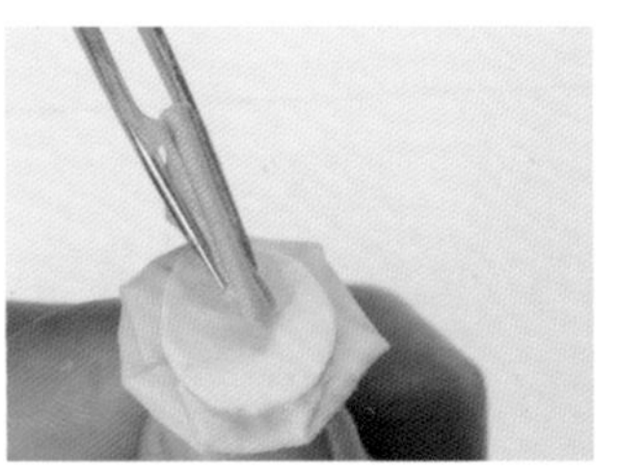

03 以鑷子夾取花瓣，並固定於鐵絲底座上方。

04 重複步驟 3，依序將花瓣放置於鐵絲底座。

05 以鑷子將花瓣撐開，使花朵呈盛開貌。

06 如圖，布花製作完成。

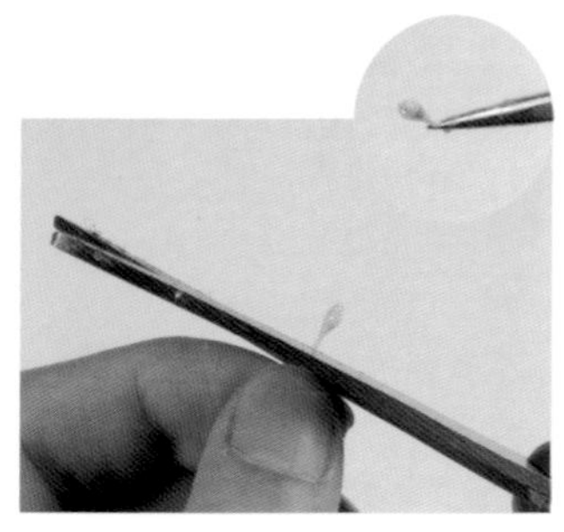

07 以剪刀剪下一段花蕊。（註：可預先準備 5 段花蕊備用。）

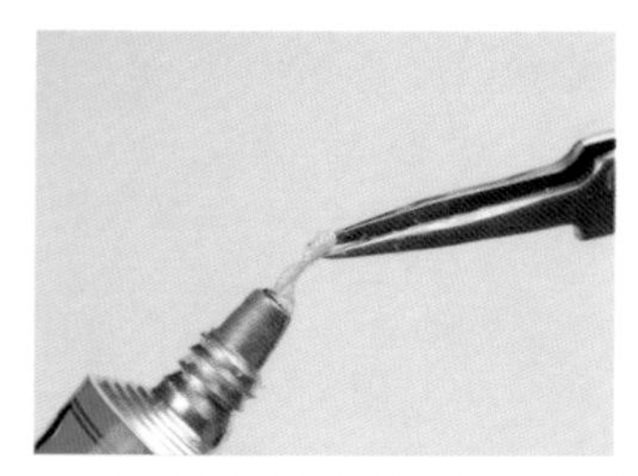

08 承步驟 7，在花蕊尾端沾取強力膠。

09 承步驟 8，以鑷子夾取花蕊，置於花瓣中間。

10 重複步驟 8-9，依序將花蕊黏貼於布花上。

11 如圖，花蕊黏貼完成。

12 取髮圈，並將布花置於髮圈上。（註：將布花纏繞於髮圈接合處，可使接合處較不明顯。）

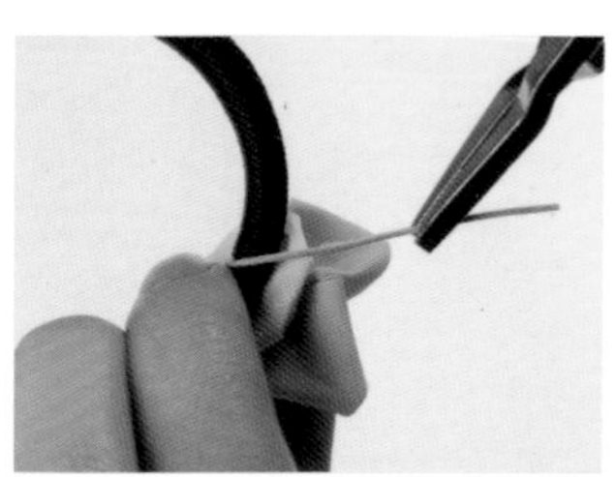

13 以鉗子將鐵絲纏繞於髮圈上，以固定布花。

14 如圖，布花固定完成。

15 在花朵底座塗上熱熔膠。

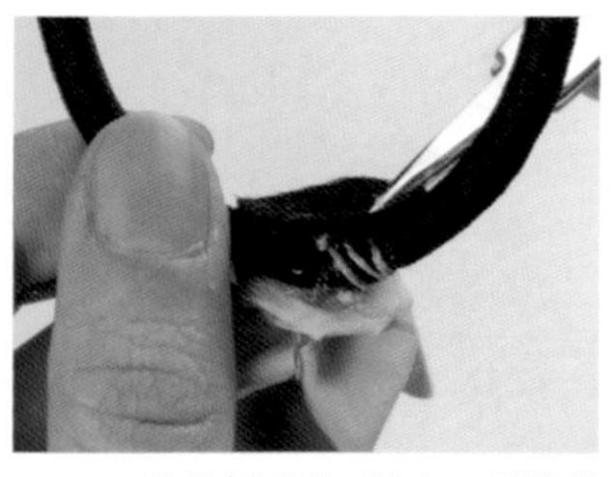

16 取黑色圓形不織布，擺放於熱熔膠上方。

17 最後，用手加強固定黑色圓形不織布即可。

18 如圖，布花髮圈製作完成。

初戀似錦

材料

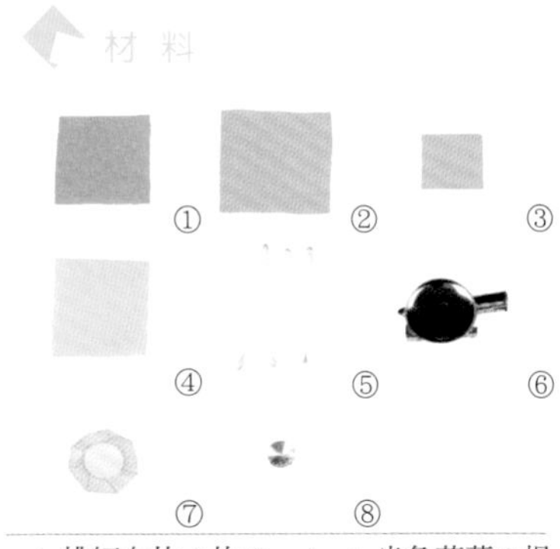

1. 桃紅布片 5 片 (3cm)
2. 大綠布片 1 片 (2cm)
3. 小綠布片 2 片 (3cm)
4. 淺粉布 5 片 (3cm)
5. 米色花蕊 3 根
6. 胸針夾 1 枚
7. 底座 1 枚
8. 水鑽 1 顆

步驟

01 將大綠布、小綠布做成 3 片綠葉，置於漿糊中定型。

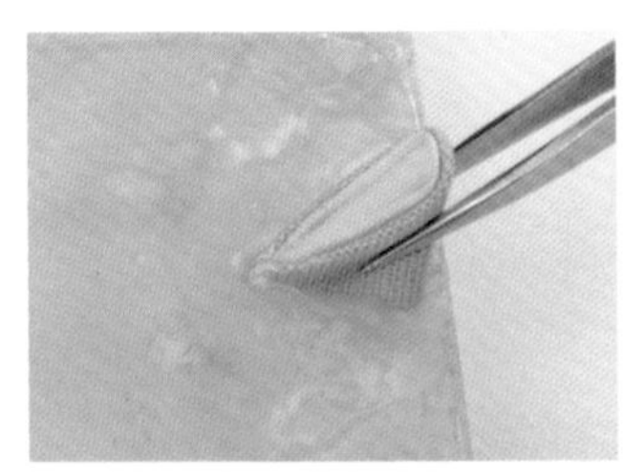

02 預先製作好所須的雙色花瓣，再以鑷子夾取已定型的花瓣並沾取漿糊。

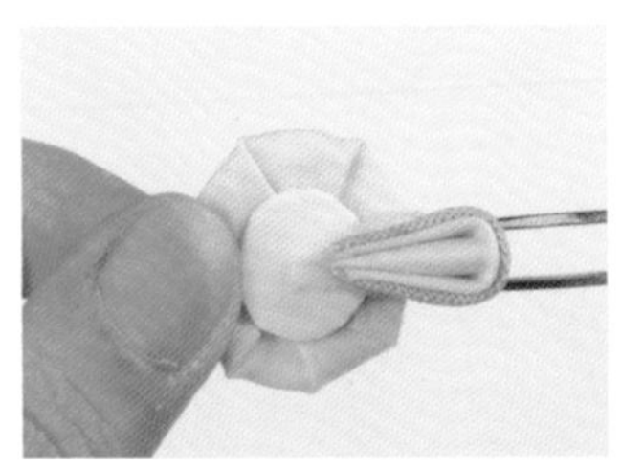

03 承步驟 2，將雙色花瓣固定於底座上。

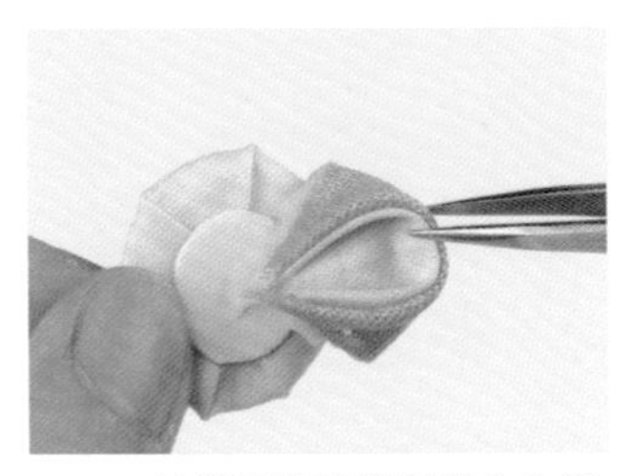

04 以鑷子將花瓣頂端向內彎折。

05 承步驟 4，以鑷子輕壓花瓣中間，使花瓣具立體感。

06 重複步驟 2-5，將兩片雙色花瓣，固定於底座上。

07 重複步驟 2-5，以鑷子調整花瓣的形狀，使布花呈綻放貌。

08 如圖，布花製作完成。

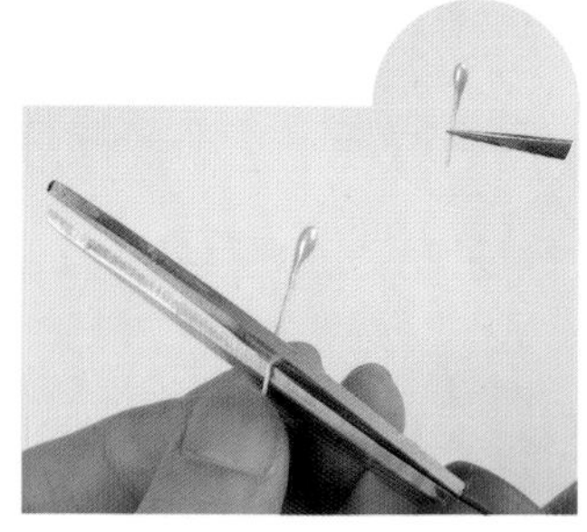

09 先取出花蕊，並以剪刀將花蕊剪成一半。（註：可預先準備 5 根花蕊。）

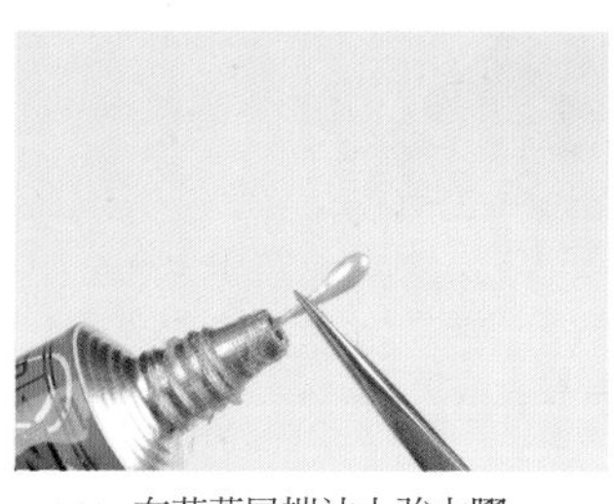

10 在花蕊尾端沾上強力膠。

11 承步驟 10，將花蕊黏貼於花瓣中間。

12 重複步驟 10-11，依序貼上花蕊。

13 以綠葉沾取漿糊，固定於布花旁。

14 在花心塗上強力膠。

15 以鑷子夾取水鑽黏貼於花心。

16 在胸針夾的鐵盤塗上熱熔膠。

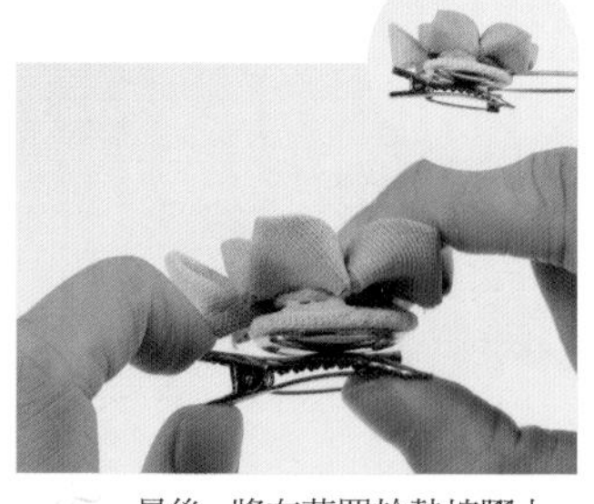

17 最後，將布花置於熱熔膠上，並輕壓固定即可。

18 如圖，布花飾品製作完成。

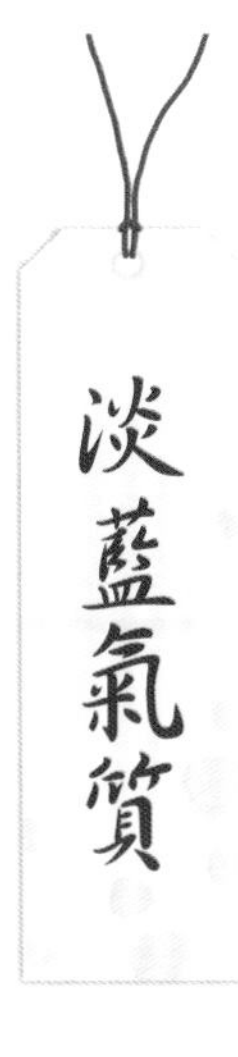

材料

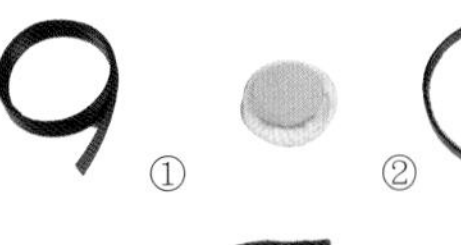
①　②　③

④　⑤　⑥

⑦

1. 緞帶 1 段
2. 底座 1 個
3. 髮箍 1 個
4. 水鑽 1 顆
5. 深藍布 10 片 (3cm)
6. 天藍布 10 片 (2.5cm)
7. 黑色圓形不織布 1 片

步驟

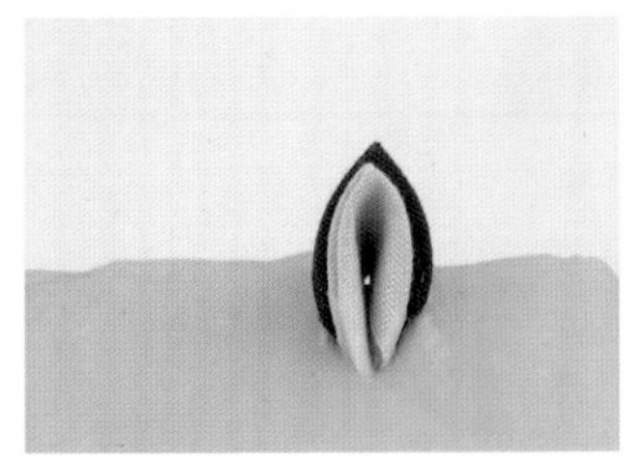

01 預先製作好所須的雙色花瓣。

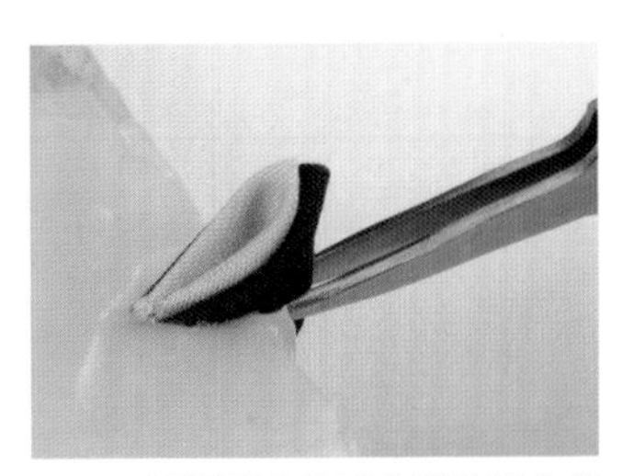

02 以鑷子夾取已定型的雙色花瓣，並再次沾取漿糊。

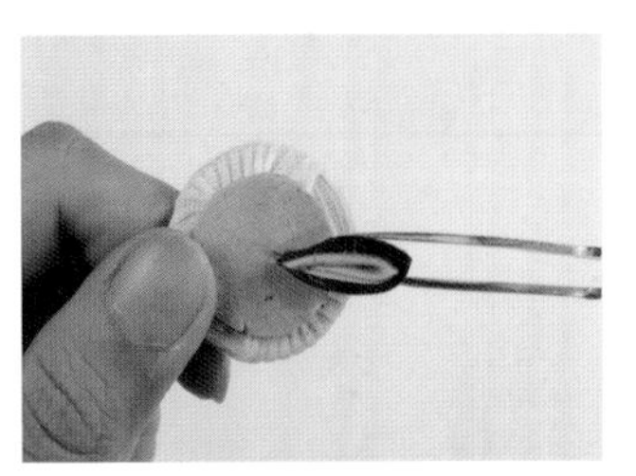

03 承步驟 2，將雙色花瓣固定於底座上。

04 重複步驟 2-3，依序將花瓣固定於底座上。

05 重複步驟 2-3，依序將花瓣固定完成，呈花朵貌。

06 以水鑽沾取強力膠，貼於布花中心。

07 如圖，布花製作完成。

08 取出髮箍，並於髮箍外圍塗上強力膠。

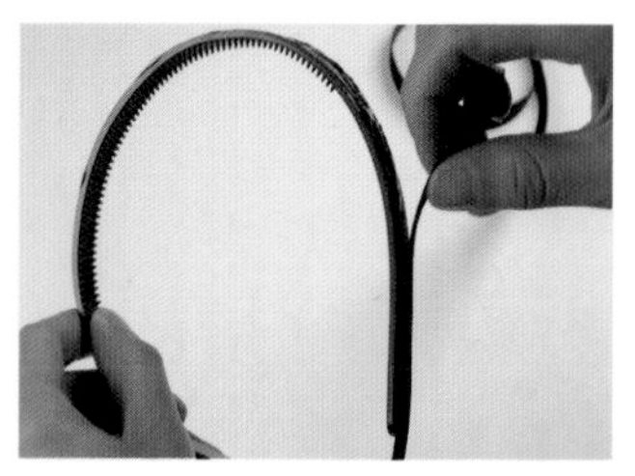

09 取出緞帶，將緞帶平鋪於髮箍上。(註：髮箍尾端須保留一截緞帶。)

10 重複步驟 9，依序將黑色緞帶黏貼於髮箍上。

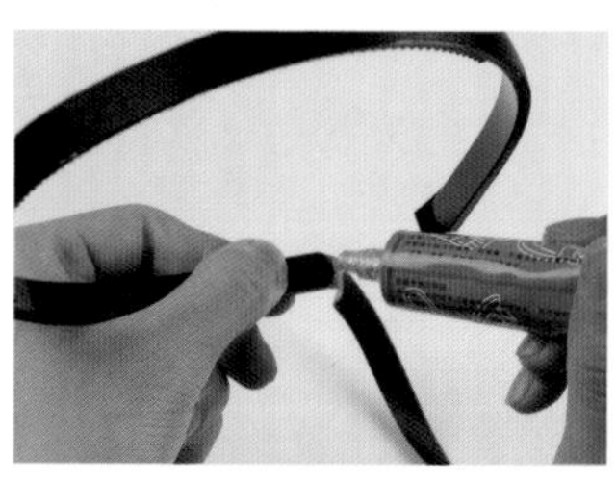

11 在髮箍兩端塗上強力膠。

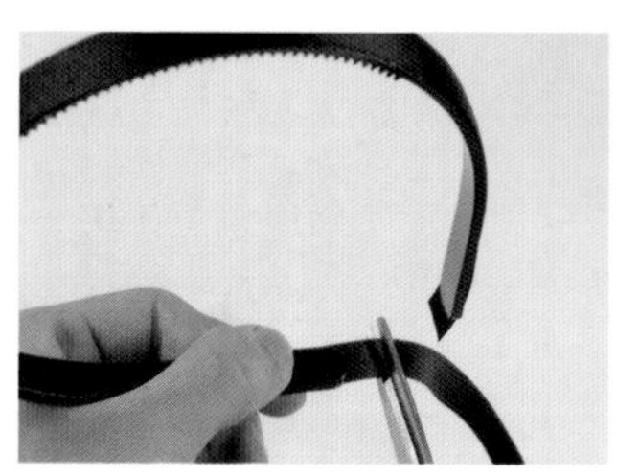

12 以剪刀剪去多餘緞帶。

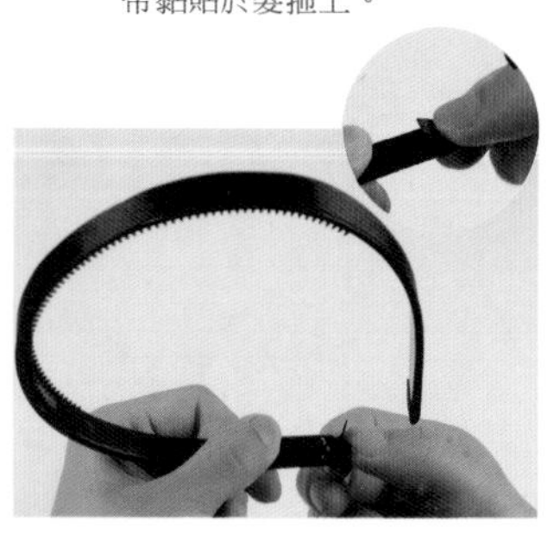

13 將髮箍兩端預留的緞帶向內收。

14 如圖，髮箍加工完成。

15 在布花底座塗上熱熔膠，並固定於髮箍上。

16 在布花底座再次塗上熱熔膠。

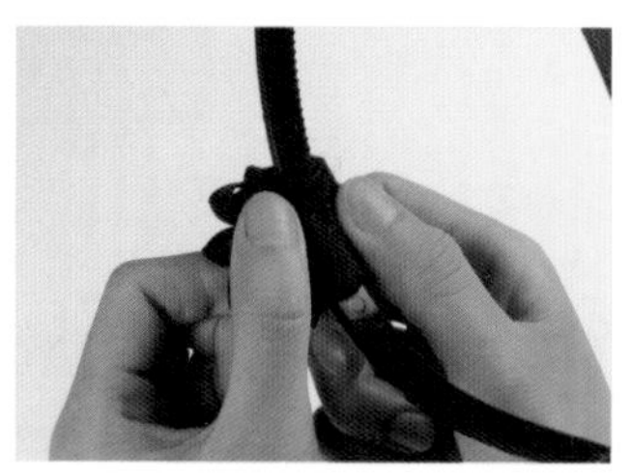

17 最後，取黑色圓形不織布貼在布花後方，並用手加強固定即可。

18 如圖，布花飾品製作完成。

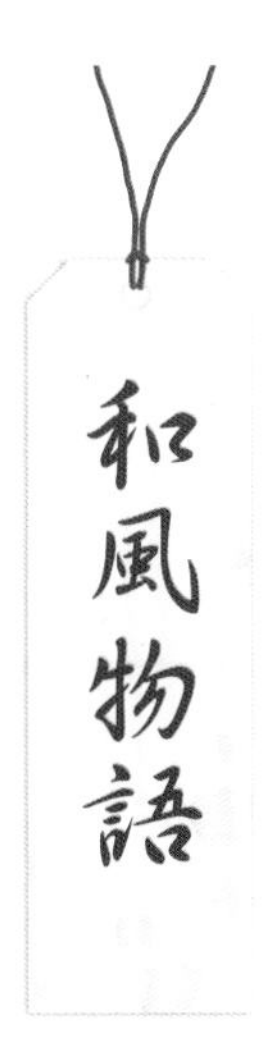

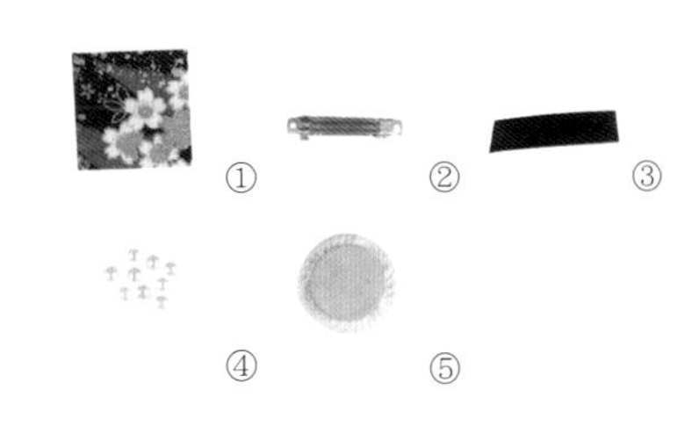

1. 花布 12 片 (3.5cm)
2. 法式夾 1 個
3. 緞帶 1 段
4. 珍珠 6 顆
5. 底座 1 個

步驟

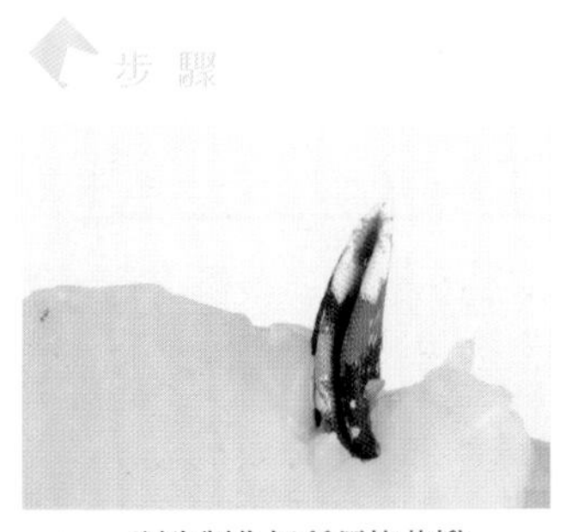

01 預先製作好所須的花瓣。

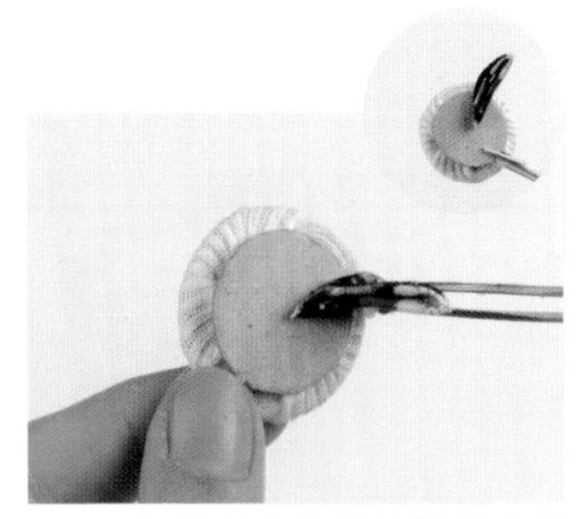

02 以鑷子夾取已沾漿糊的花瓣，置於底座上。

03 重複步驟 2，再取五片花瓣置於底座上。

04 重複步驟 2，依序將花瓣置於底座上，逐漸呈現花朵貌。

05 先在花心擠上強力膠，再以鑷子夾取珍珠置於布花上。

06 重複步驟 5，依序將珍珠黏貼於布花上，為布花的花蕊。（註：可用鑷子調整珍珠的位置。）

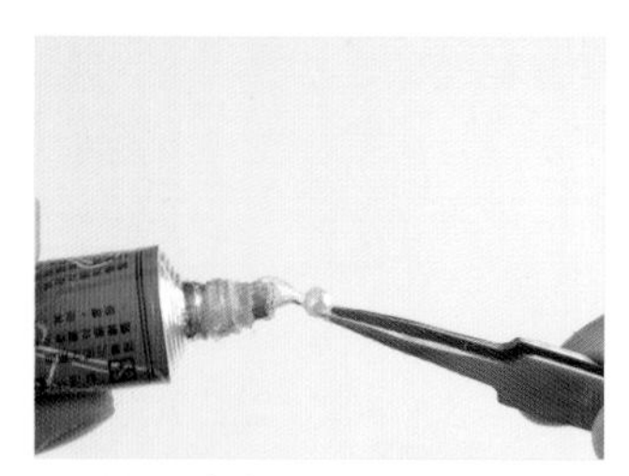

07 以珍珠沾取強力膠。

08 承步驟 7，將已沾強力膠的珍珠固定於珍珠中央。

09 如圖，珍珠擺放完成。

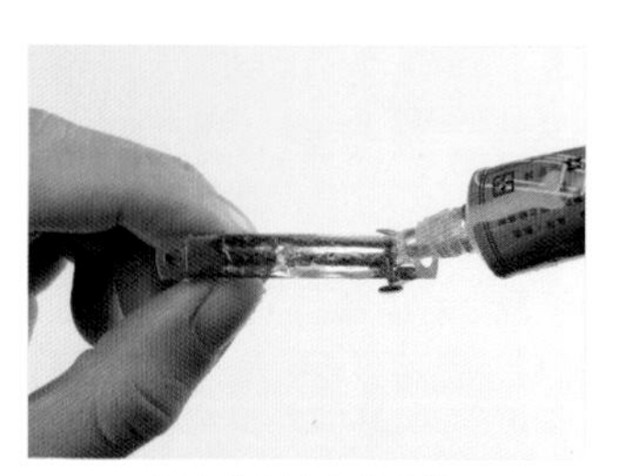

10 在法式夾塗上強力膠。

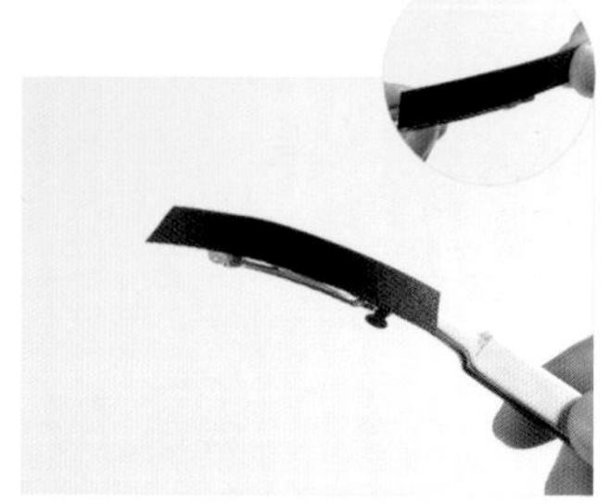

11 承步驟 10，將緞帶黏貼於法式夾上。

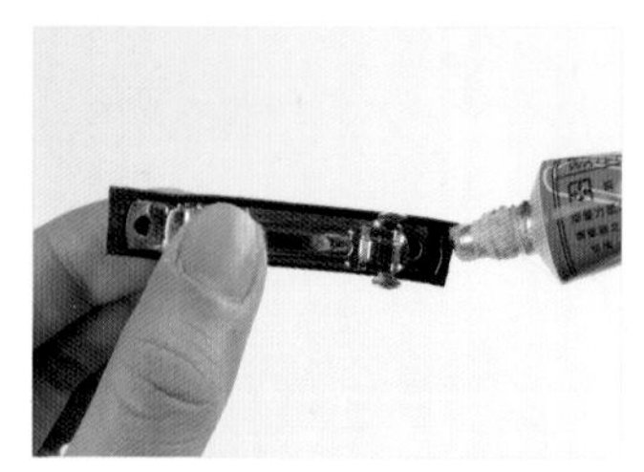

12 承步驟 11，將強力膠擠於緞帶兩端。

13 以鑷子將多餘緞帶往內收。

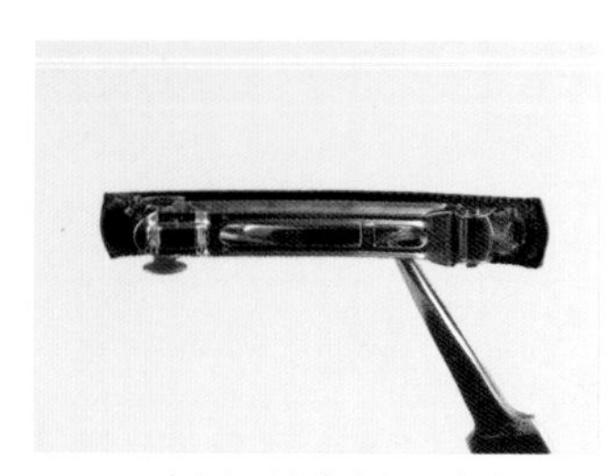

14 如圖，法式夾加工完成。

15 在布花底座塗上熱熔膠。

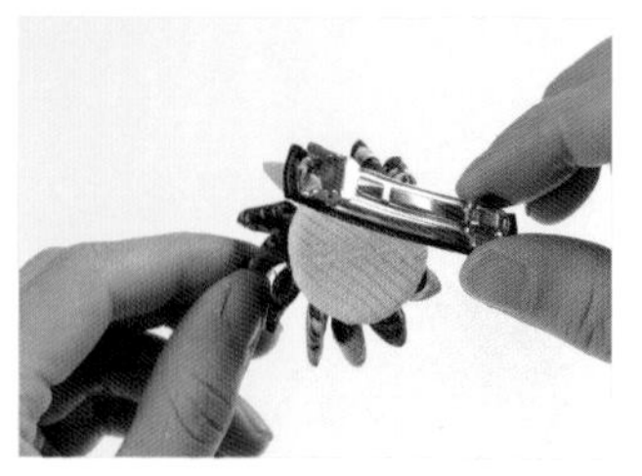

16 承步驟 15，將布花固定於法式夾上方。

17 最後，用手加強固定布花即可。

18 如圖，布花飾品製作完成。

典雅八重櫻

材料

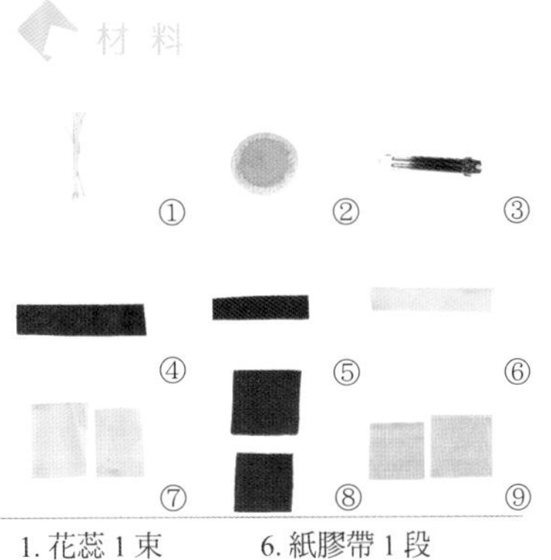

1. 花蕊 1 束
2. 底座 1 個
3. 法式夾 1 個
4. 長方紅布 1 片
5. 硬紙板 1 個
6. 紙膠帶 1 段
7. 米布 5 片 (4.3cm、4.5cm)
8. 紅布 5 片 (2.3cm、2.5cm)
9. 粉布 5 片 (3.8cm、4cm)

步驟

01 預先製作好所須的雙層花瓣。

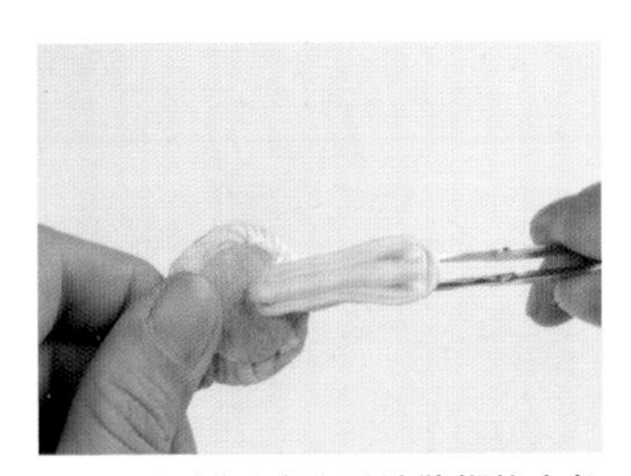

02 以鑷子夾取已沾漿糊的米色花瓣，固定於底座上方。

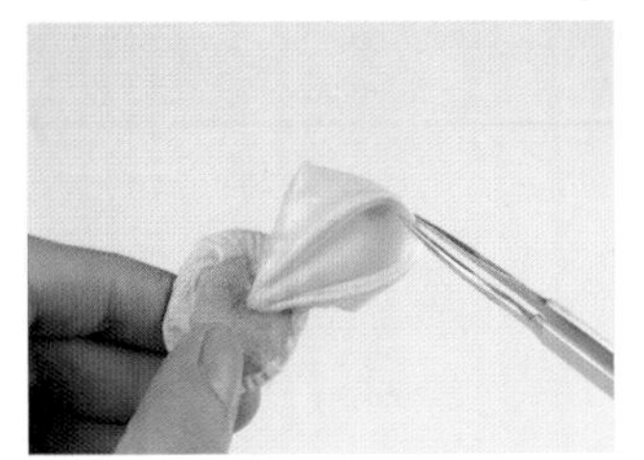

03 承步驟 2，以鑷子將花瓣向內彎折。

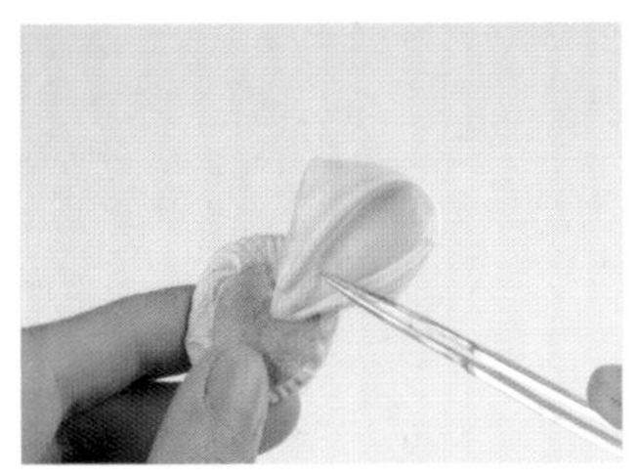

04 承步驟 3，以鑷子輕壓花瓣，增加花瓣立體感。

05 重複步驟 2-4，取兩片花瓣放置於底座。

06 重複步驟 2-4，依序將花瓣放置於底座，呈現花朵貌

07 重複步驟 2-4，以鑷子夾取已沾漿糊的粉色花瓣，固定於米色花瓣上。

08 重複步驟 2-4，依序擺放粉色花瓣。

09 重複步驟 2-4，以鑷子夾取已沾漿糊的紅色花瓣，置於粉色花瓣上。

10 重複步驟 2-4，擺放完紅色花瓣後，再以鑷子調整花瓣，使花瓣更具立體感。

11 先取出數根花蕊並對摺。

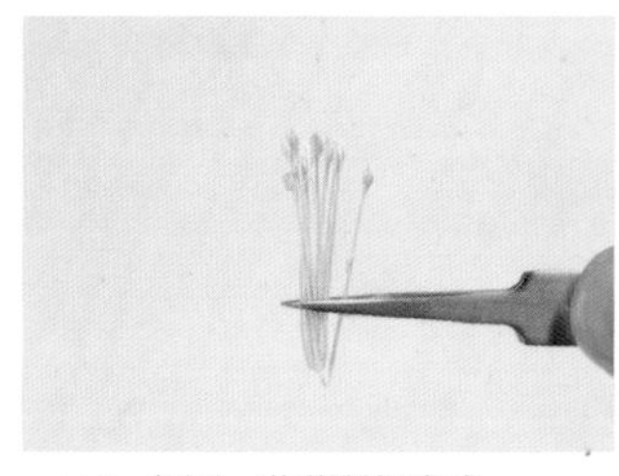

12 如圖，花蕊對摺完成。

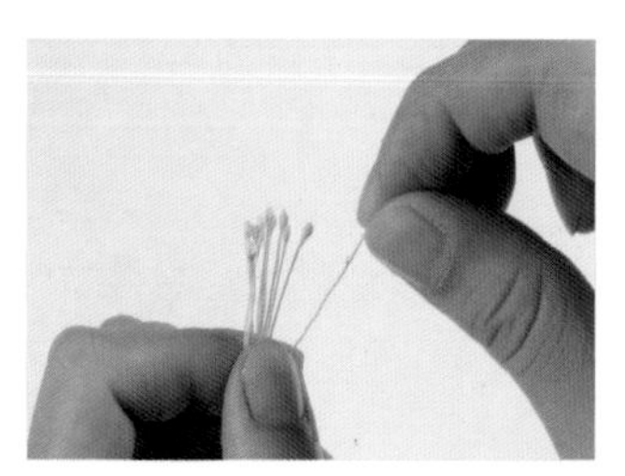

13 任取 1 根花蕊。

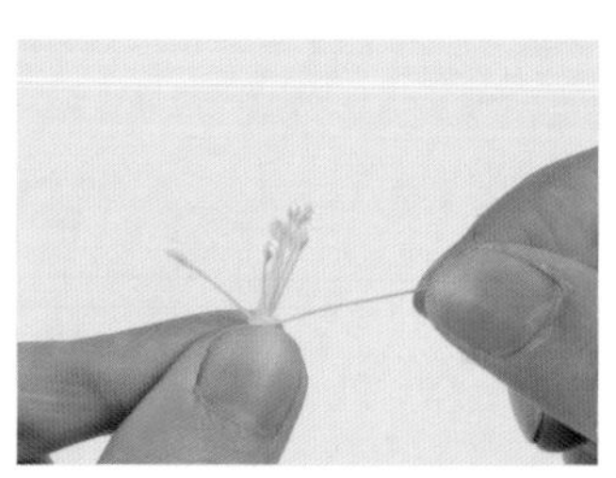

14 以步驟 13 的花蕊，纏繞其他花蕊。

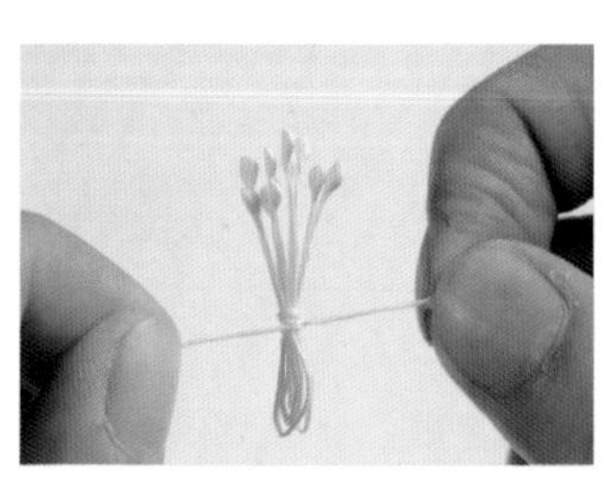

15 承步驟 14，將花蕊打結固定成一束。

16 以剪刀剪去多餘花蕊。（註：可預先做出兩束備用。）

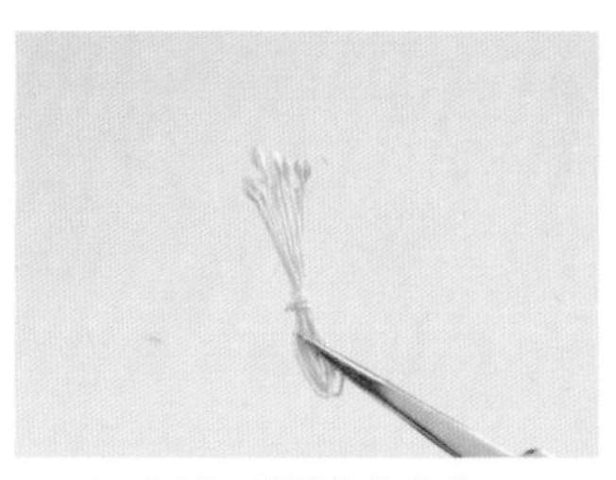

17 如圖，花蕊修剪完成。

18 以剪刀剪去花蕊根部，並塗上熱熔膠。

19 承步驟 18，以鑷子將花蕊置於花心。

20 承步驟 19，以鑷子輕壓花蕊，使花蕊呈煙花狀。

21 如圖，花蕊固定完成。

22 在硬紙板一面塗上強力膠。

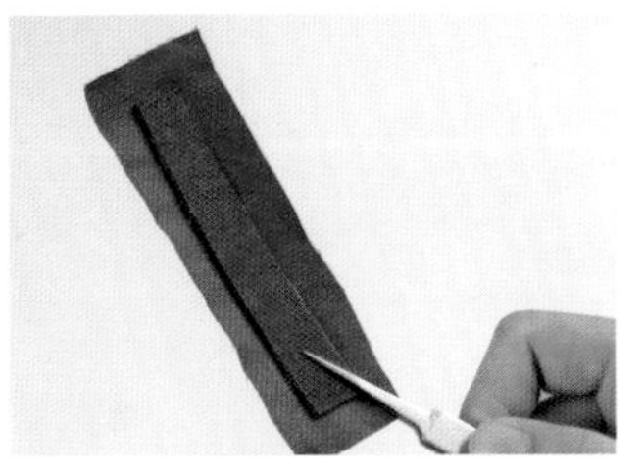

23 承步驟 22，將硬紙板黏貼於長方紅布中央。

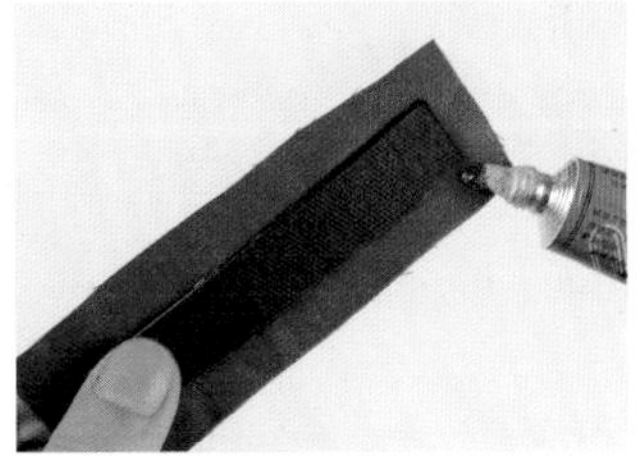

24 在長方紅布塗上強力膠。

25 承步驟 24，將長方紅布兩側向內收。

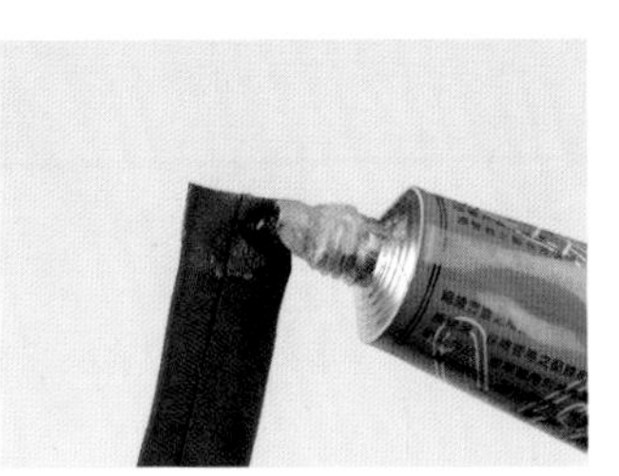

26 在長方紅布上下側塗上強力膠。

27 承步驟 26，依序將長方紅布向內收。

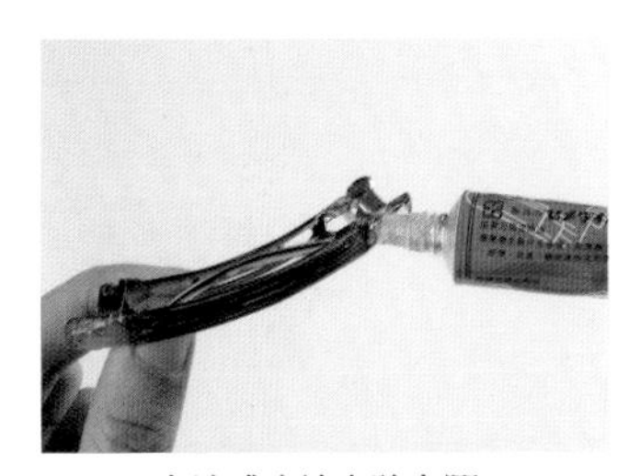

28 在法式夾塗上強力膠。

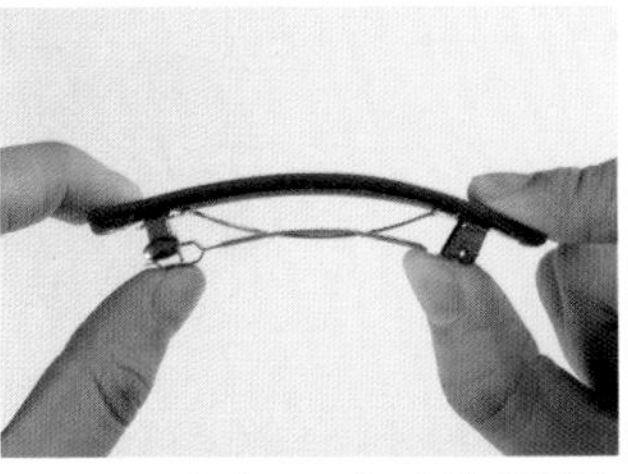

29 承步驟 28，將硬紙板置於法式夾上，並用手加強固定。

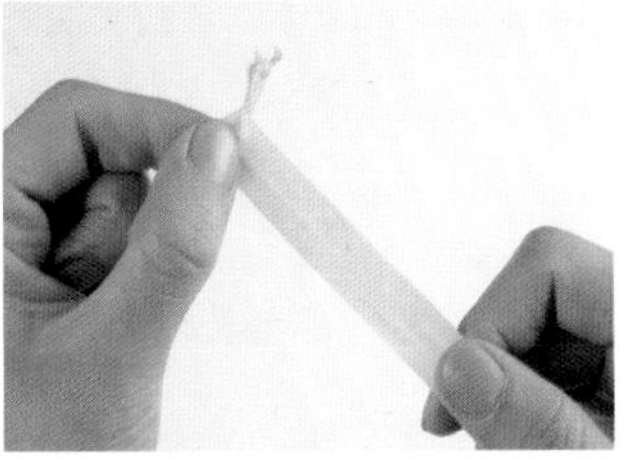

30 取另一束花蕊，將紙膠帶置於花蕊根部。

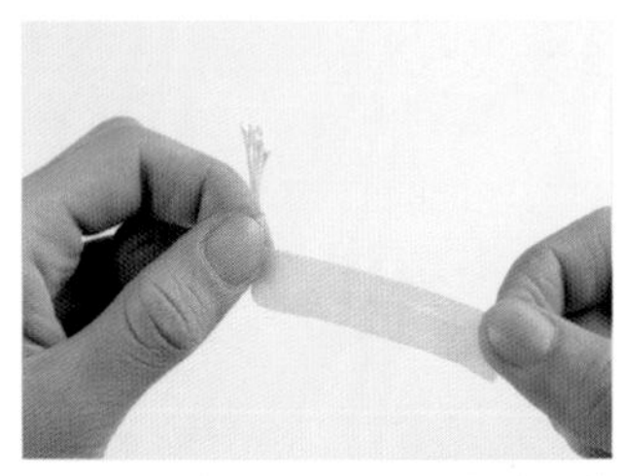

31 承步驟 30，以紙膠帶纏繞花蕊根部。

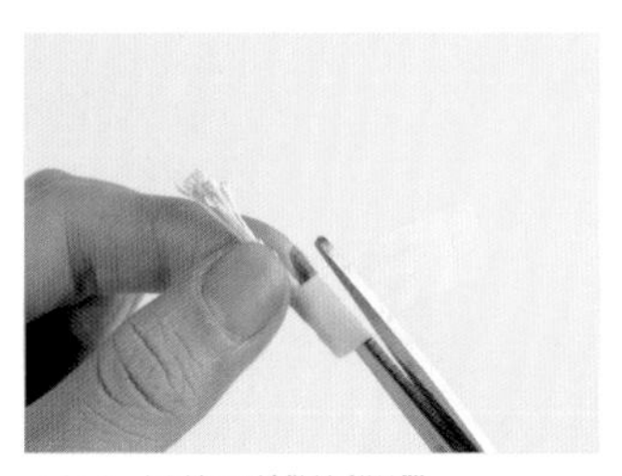

32 以剪刀剪斷紙膠帶。

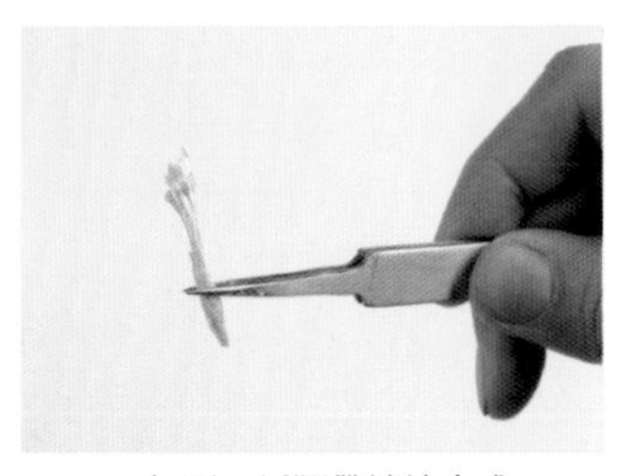

33 如圖，紙膠帶纏繞完成。

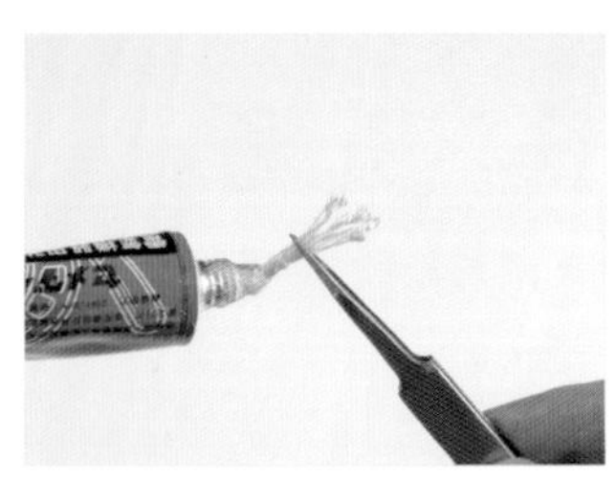

34 在花蕊根部塗上強力膠。

35 承步驟 34，將花蕊橫放於法式夾上。

36 在布花底座塗上熱熔膠。

37 承步驟 36，將布花置於法式夾上。（註：以遮蓋住花蕊根部為主。）

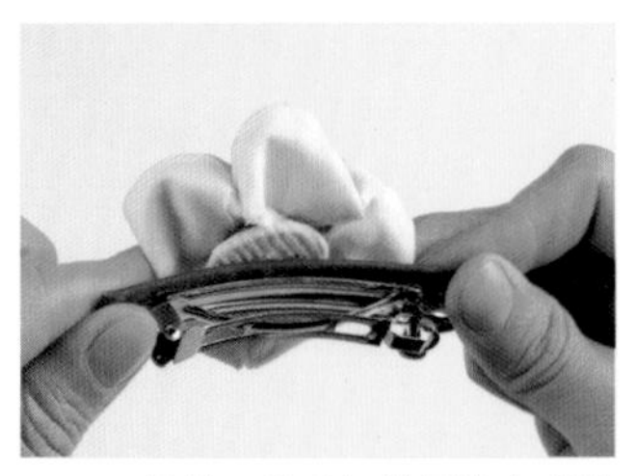

38 最後，用手加強固定布花即可。

39 如圖，布花飾品製作完成。

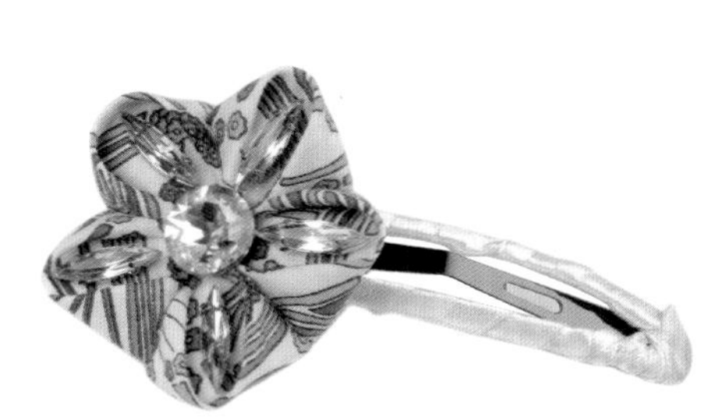

材料

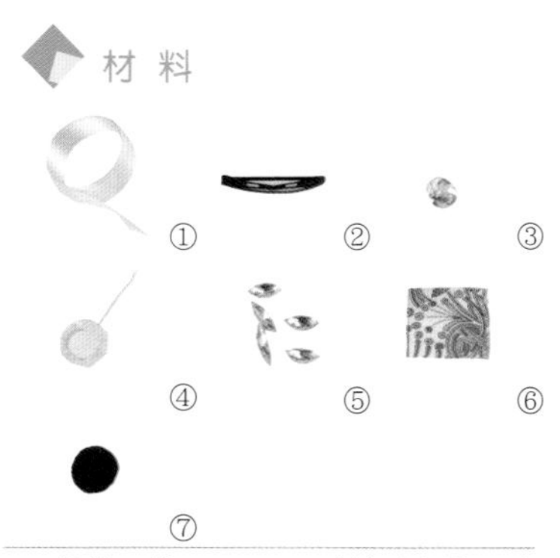

1. 緞帶 1 段
2. 髮夾 1 個
3. 圓形水鑽 1 顆
4. 鐵絲底盤 1 個
5. 水滴形水鑽 5 顆
6. 花布 5 片 (3.5cm)
7. 黑色圓形不織布 1 片

步驟

01 預先製作好所須的花瓣。

02 以鑷子夾取已定型的花瓣，並再次沾取漿糊。

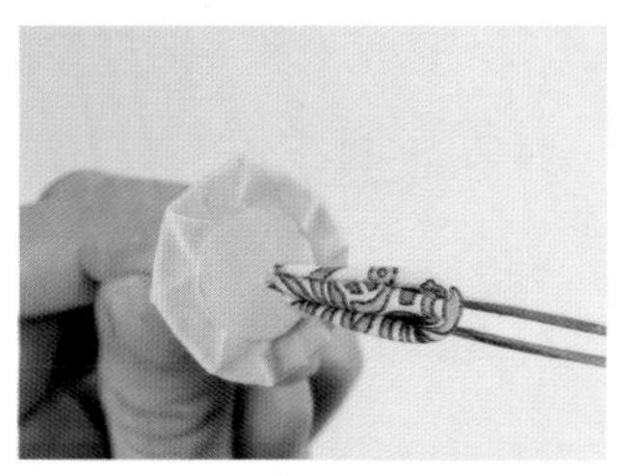

03 以鑷子夾取花瓣，並固定於底座上。

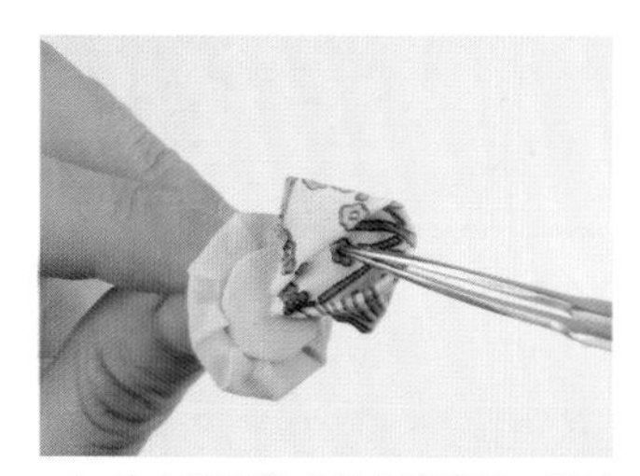

04 以鑷子將花瓣前端撐開，並調整花瓣呈立體感。

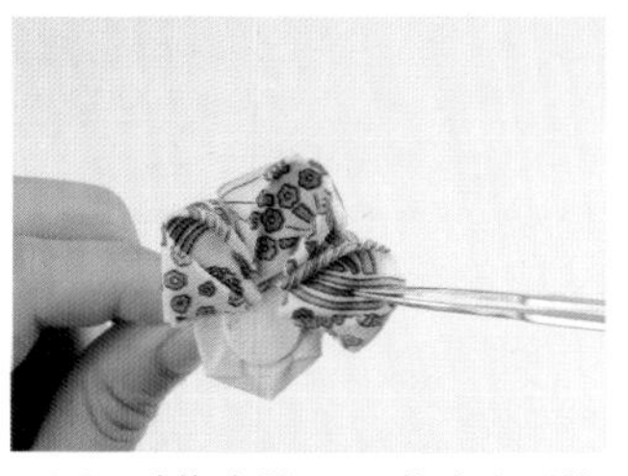

05 重複步驟 2-4，依序取兩片花瓣擺放至底座上方。

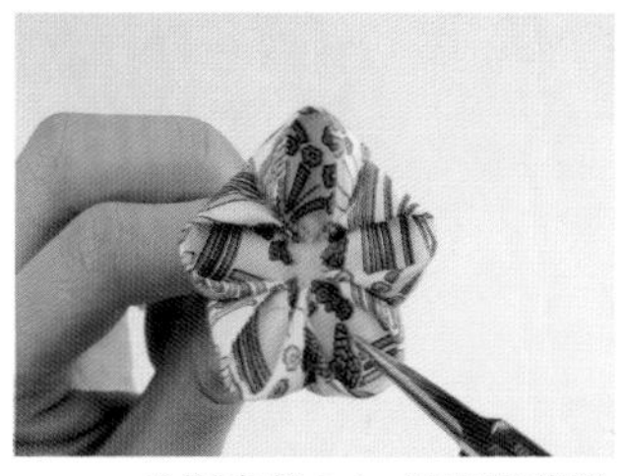

06 重複步驟 2-4，依序將花瓣固定於底座上，逐漸呈花朵貌。

07 如圖，布花製作完成

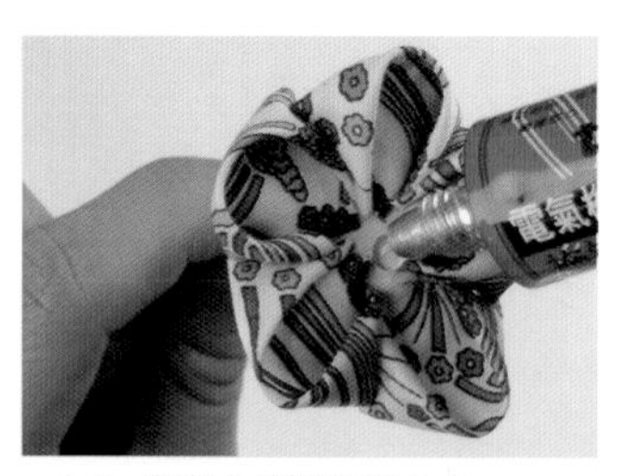

08 將強力膠擠於花心處。

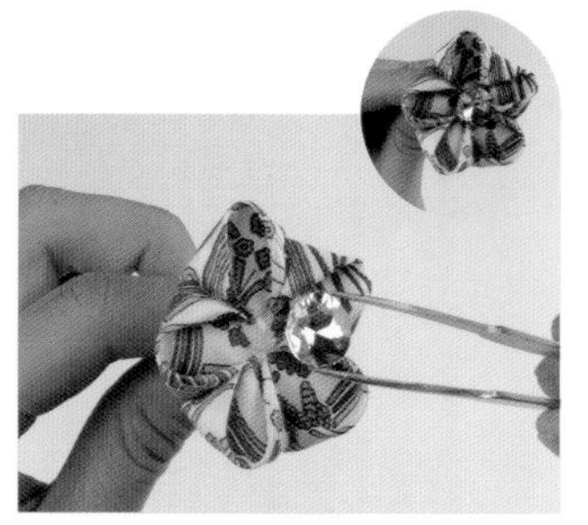

09 以鑷子夾取圓形水鑽，並黏貼於花心。

10 在水滴形水鑽背面沾取強力膠。

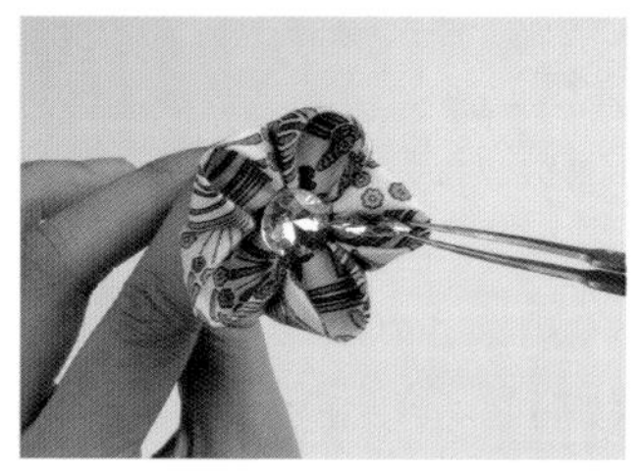

11 承步驟 10，將水滴形水鑽固定於花瓣中間。

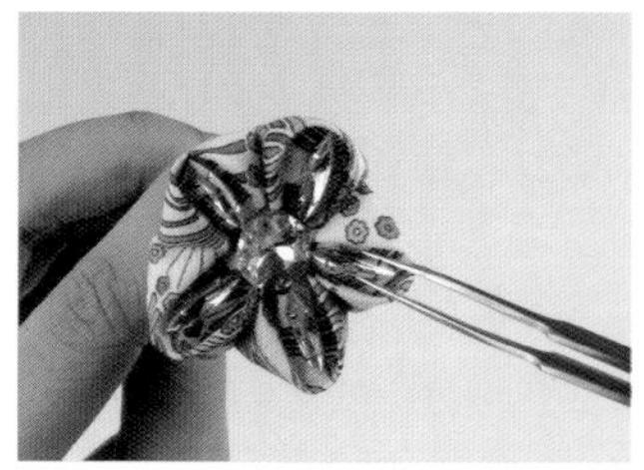

12 重複步驟 10-11，依序將水滴形水鑽黏貼於花瓣中間。

13 如圖，水滴形水鑽黏貼完成。

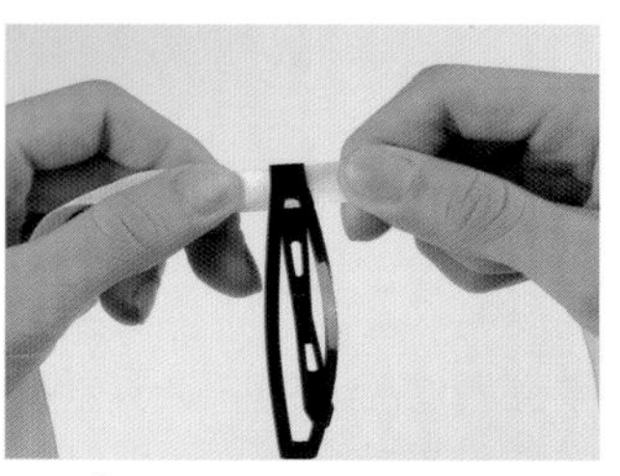

14 將緞帶對摺並平放進髮夾。

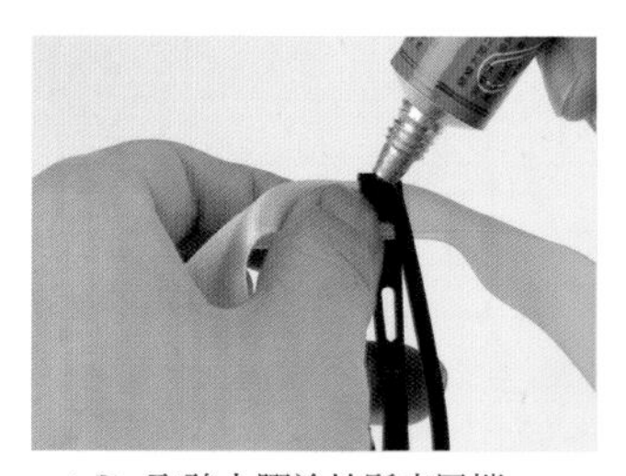

15 取強力膠塗於髮夾尾端。

16 承步驟 15，將緞帶纏繞於髮夾尾端。

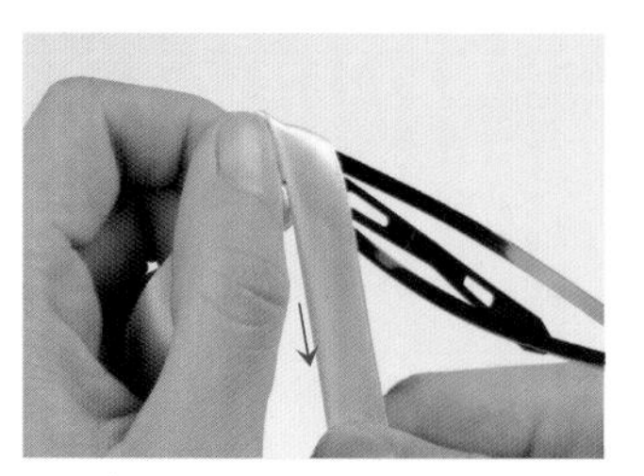

17 用手將右側緞帶向左下拉。

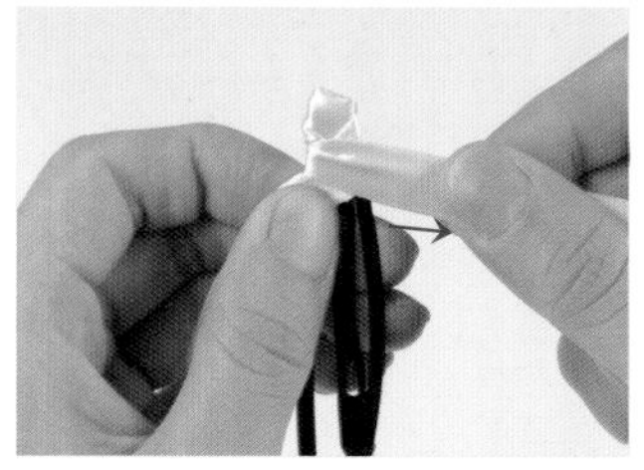

18 承步驟 17，將左側緞帶往右下拉，使兩側緞帶呈現交叉貌。

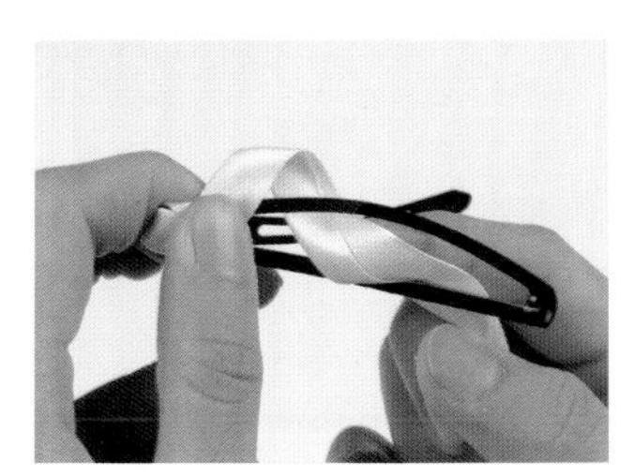

19 任取一緞帶，並將緞帶穿過髮夾。

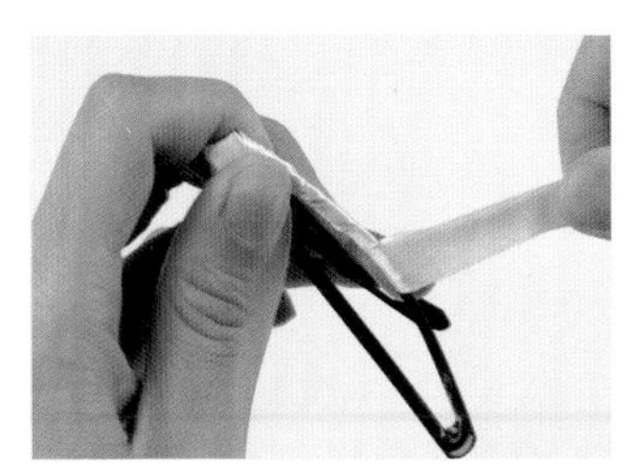

20 承步驟 19，順著髮夾緊密纏繞。

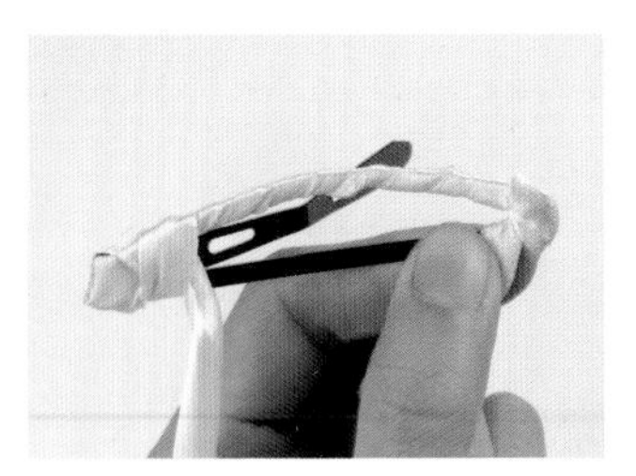

21 重複步驟 19-20，依序以緞帶纏繞髮夾。

22 如圖，緞帶纏繞完成。

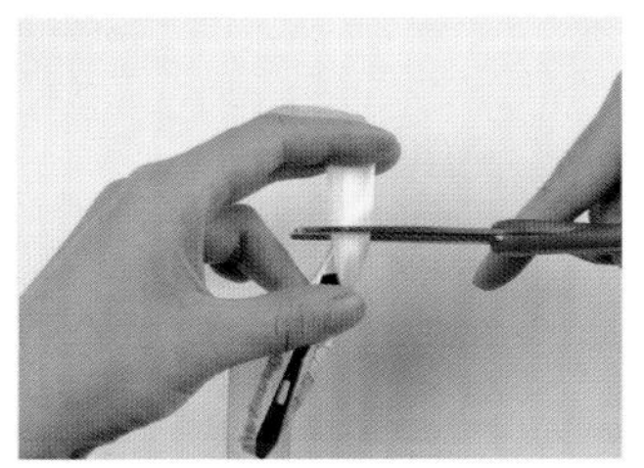

23 以剪刀剪去緞帶。（註：須預留一小段緞帶。）

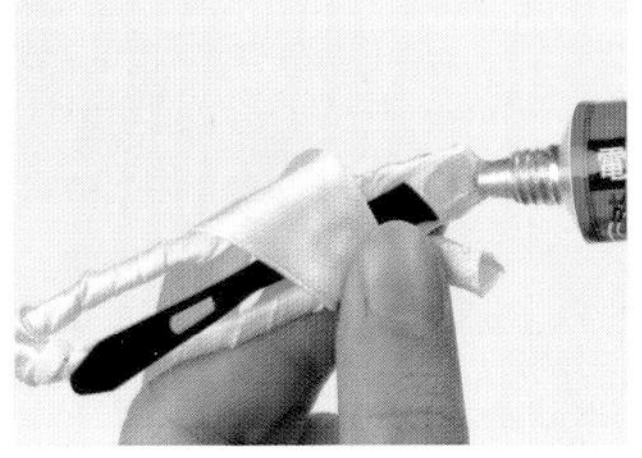

24 在髮夾尾端的緞帶上方塗上強力膠。

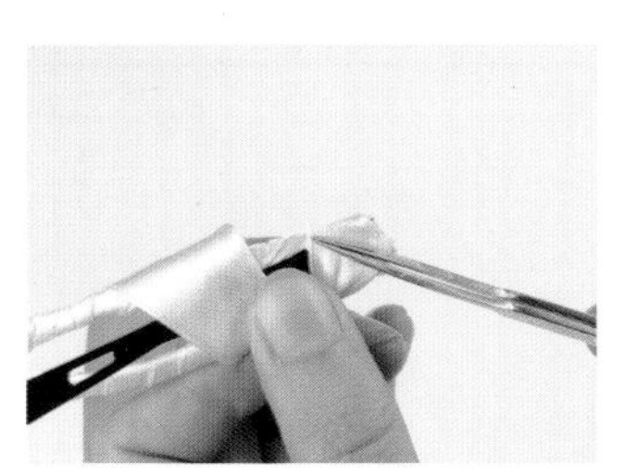

25 以鑷子夾取步驟 23 預留之緞帶，黏於強力膠上方。

26 取另一緞帶，纏繞髮夾尾端。

27 如圖，髮夾尾端纏繞完成。

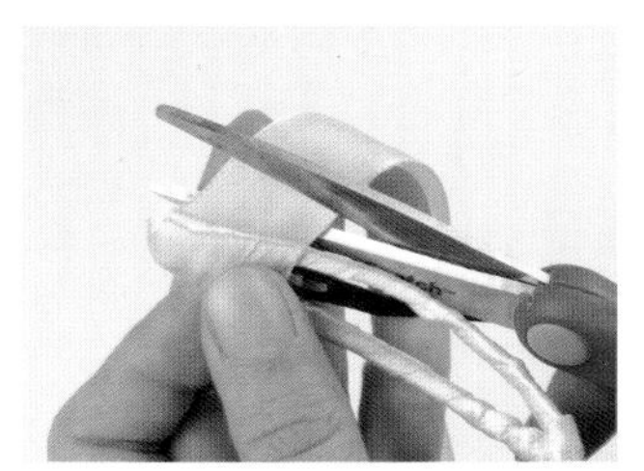

28 以剪刀剪去緞帶。（註：須預留一小段緞帶。）

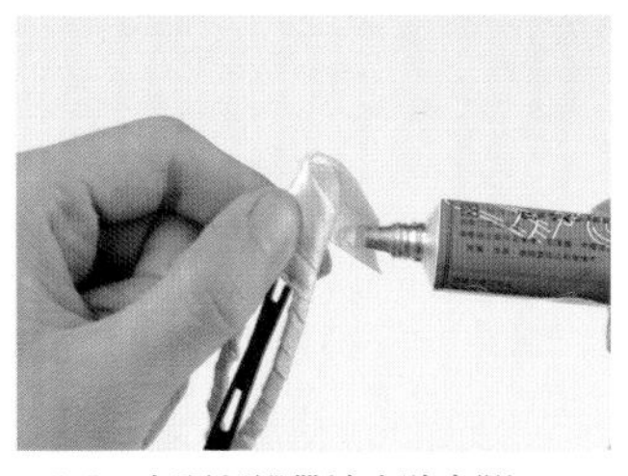

29 在預留緞帶塗上強力膠。

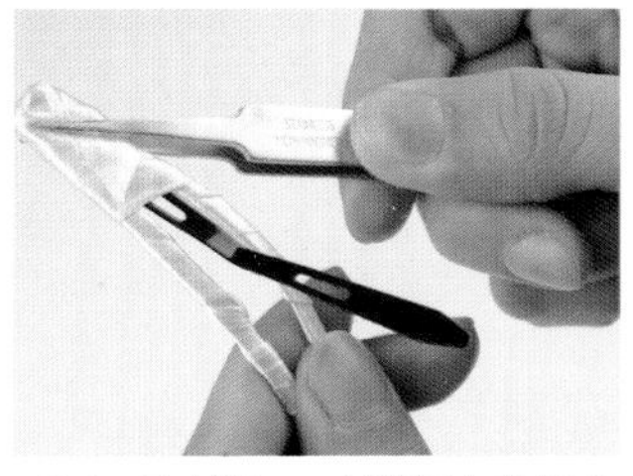

30 承步驟 29，以鑷子加強固定緞帶。

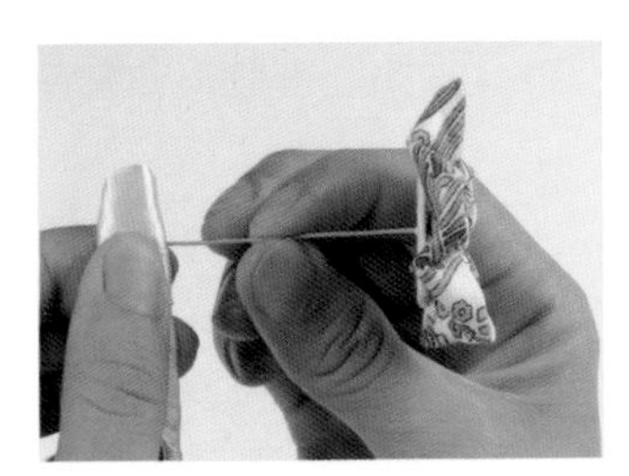

31 取已加工過的髮夾及布花，將鐵絲置於髮夾頂端。

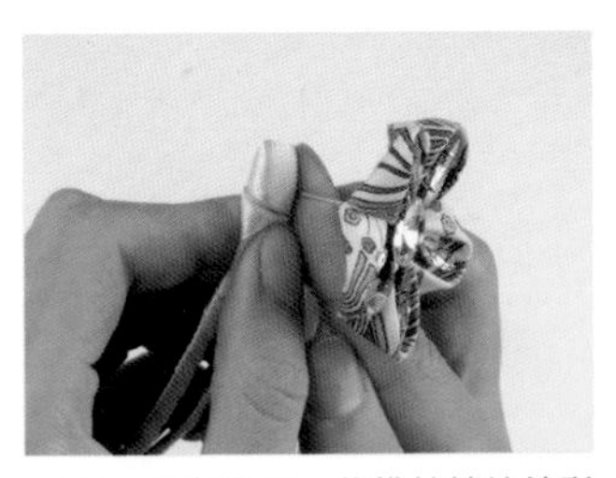

32 承步驟 31，將鐵絲纏繞於髮夾上。

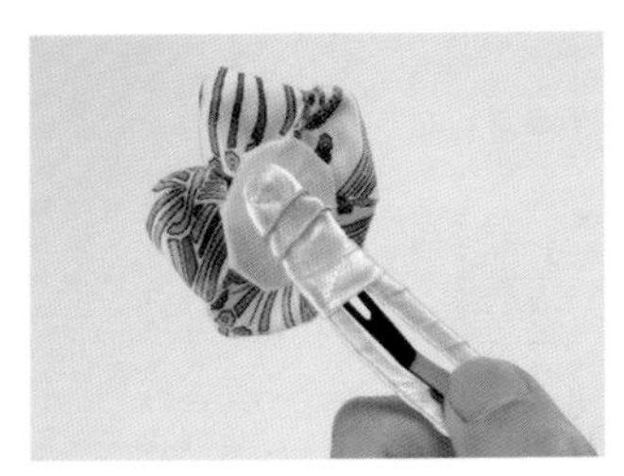

33 承步驟 32，依序將鐵絲纏繞完成。

34 將熱熔膠塗於鐵絲纏繞處。

35 取黑色圓形不織布。

36 如圖，黑色圓形不織布擺放完成。

37 最後，用手加強固定黑色圓形不織布即可。

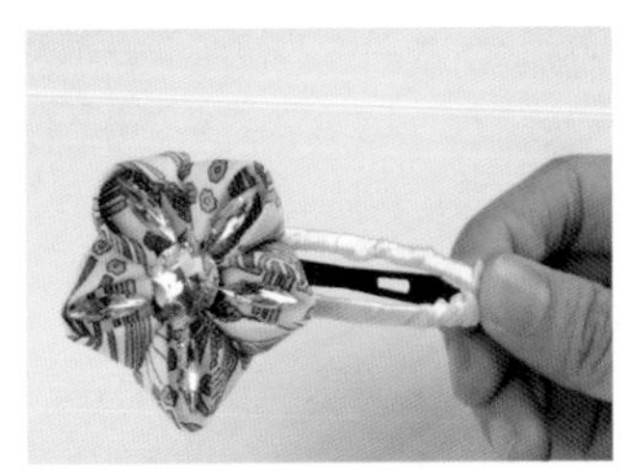

38 如圖，布花飾品製作完成。

明媚春日

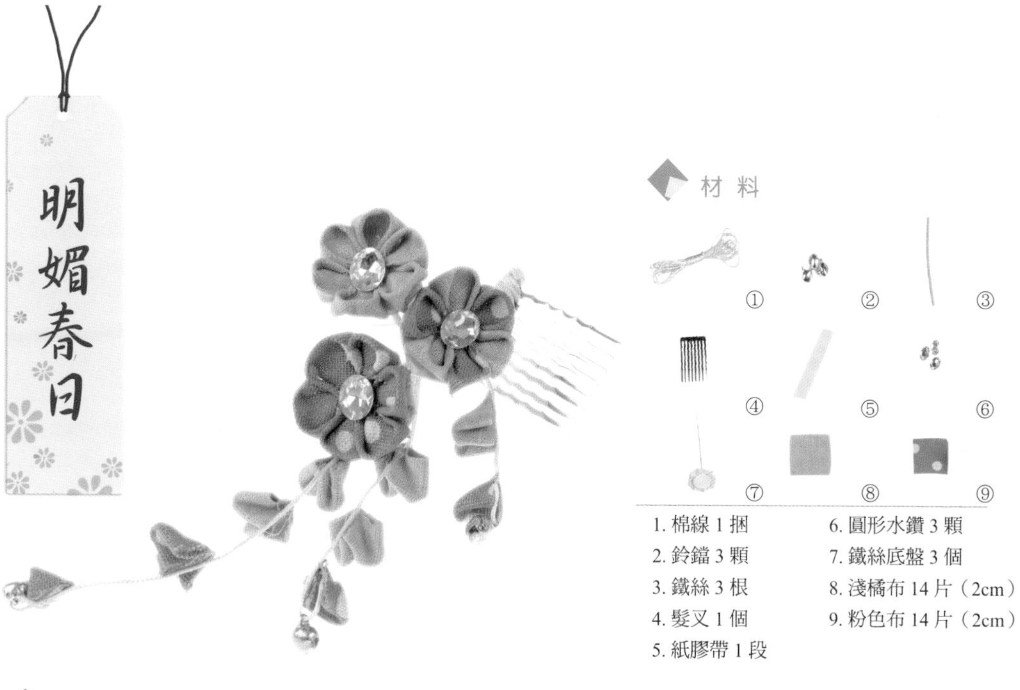

材料

1. 棉線 1 捆
2. 鈴鐺 3 顆
3. 鐵絲 3 根
4. 髮叉 1 個
5. 紙膠帶 1 段
6. 圓形水鑽 3 顆
7. 鐵絲底盤 3 個
8. 淺橘布 14 片（2cm）
9. 粉色布 14 片（2cm）

步驟

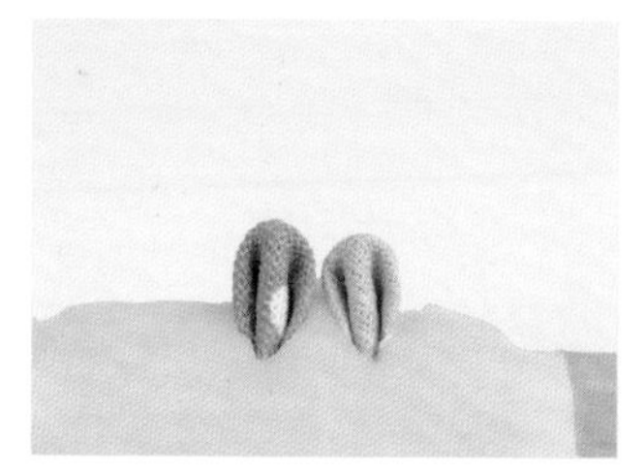

01 預先製作好所須的花瓣。

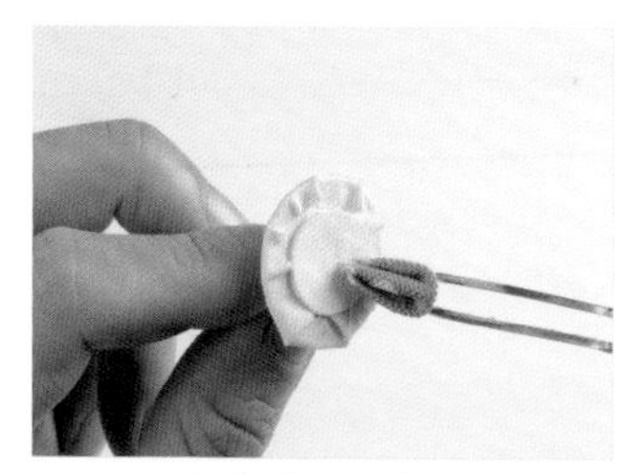

02 取粉色花瓣沾漿糊，固定於底座上。

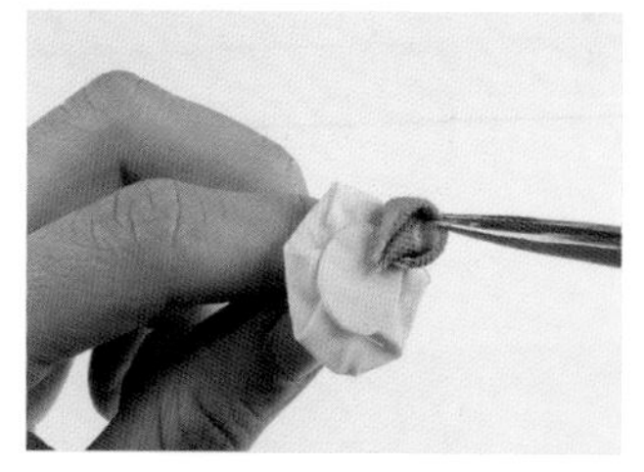

03 以鑷子夾取花瓣前端，使花瓣前端呈現圓形。

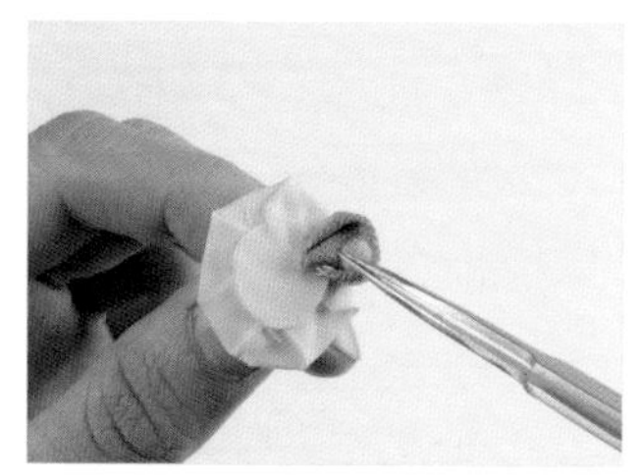

04 以鑷子輕壓花瓣中間，使花瓣呈盛開貌。

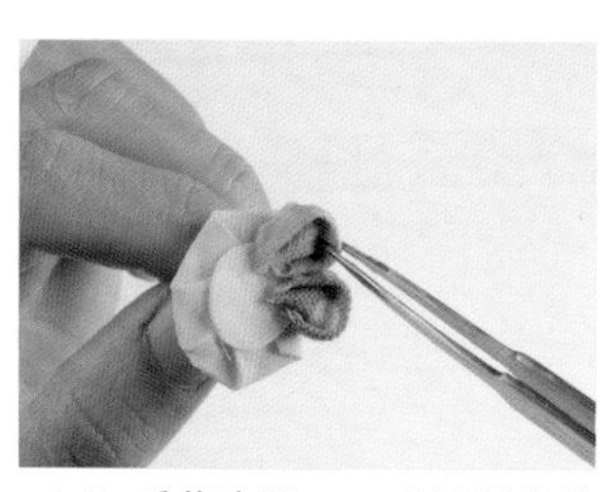

05 重複步驟 2-4，取淺橘花瓣沾取漿糊，固定於底座上。

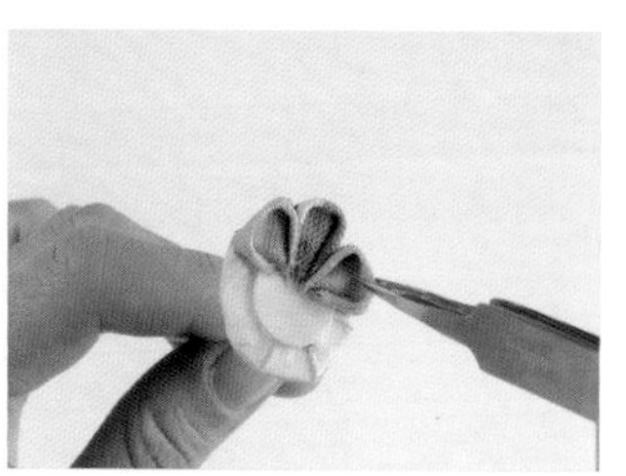

06 重複步驟 5，再取一淺橘花瓣固定於底座上。

07 重複步驟2-6，以間隔不同花瓣的方式依序擺放，呈花朵狀。

08 在花心塗上熱熔膠。

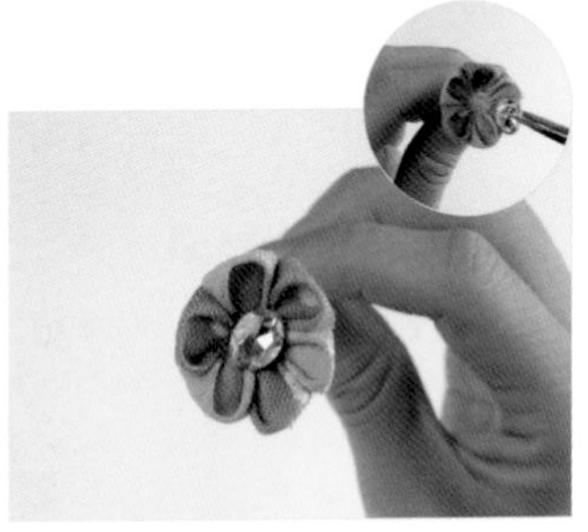

09 承步驟8，以鑷子夾取水鑽，固定於花心。

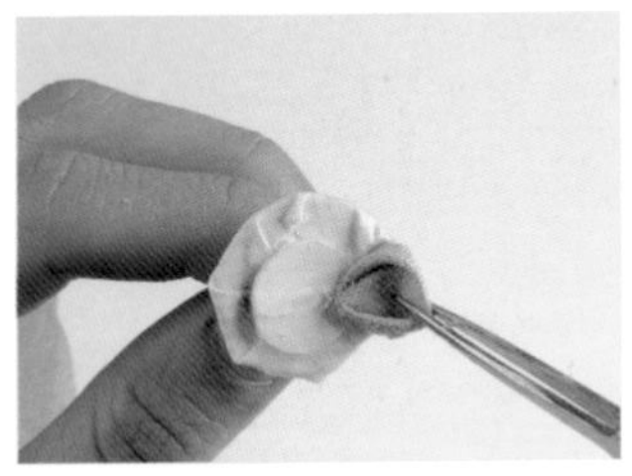

10 重複步驟2-4，取淺橘花瓣沾漿糊，並固定於底座上。

11 重複步驟2-4，再取兩朵淺橘花瓣擺放於底座上。

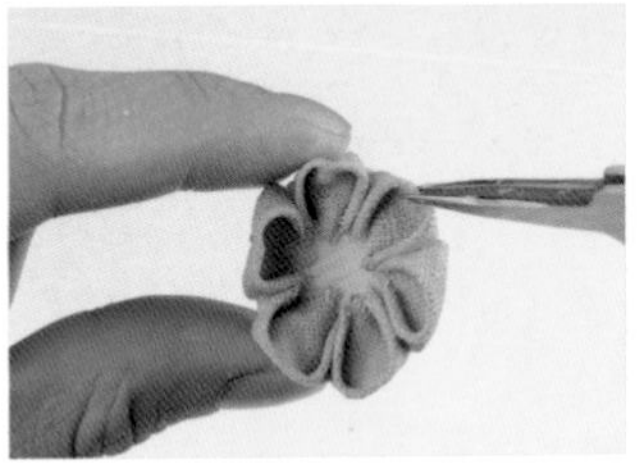

12 重複步驟2-4，依序擺放上淺橘花瓣，完成第二朵布花。

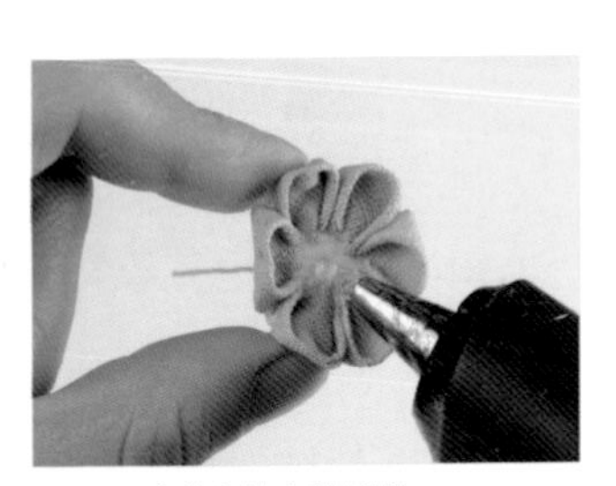

13 在花心塗上熱熔膠。

14 承步驟13，以鑷子夾取水鑽，固定於花心。

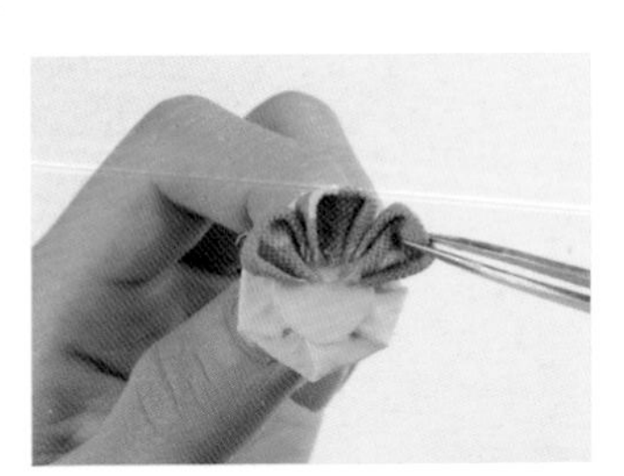

15 重複步驟2-4，取粉色花瓣沾漿糊，固定於底座上。

16 重複步驟2-4，依序擺放上粉色花瓣，完成第三朵布花。

17 在花心塗上熱熔膠。

18 承步驟17，以鑷子夾取水鑽，固定於花心。

19 如圖，三朵布花製作完成。

20 取紙膠帶，固定於鐵絲底座下方。

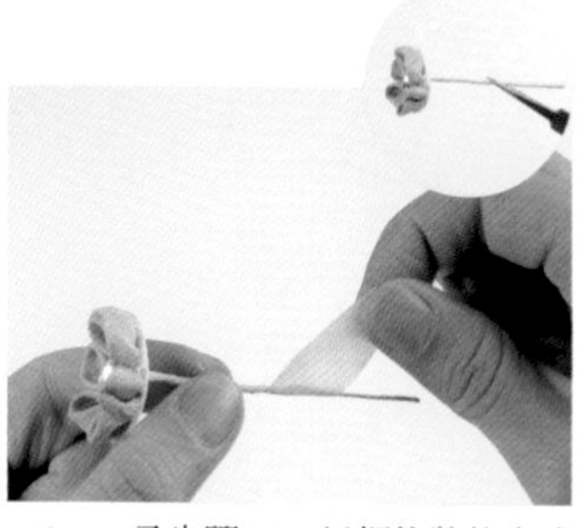

21 承步驟 20，以螺旋狀的方式向下纏繞紙膠帶。

22 重複步驟 20-21，以紙膠帶依序包覆三朵布花的鐵絲。

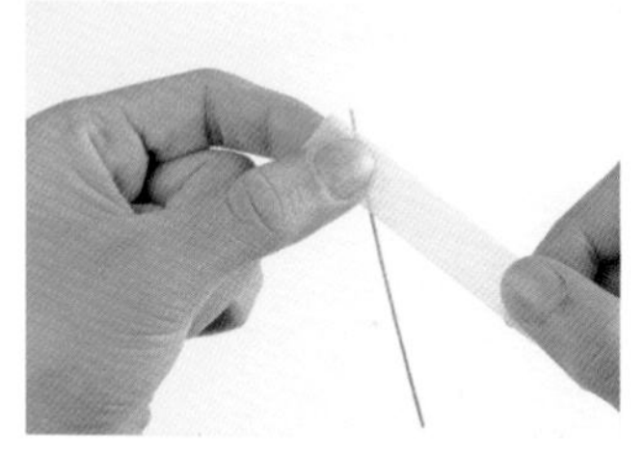

23 取紙膠帶並置於一鐵絲尖端。

24 承步驟 23，以螺旋狀的方式向下纏繞紙膠帶。

25 以圓嘴鉗夾住鐵絲尖端。

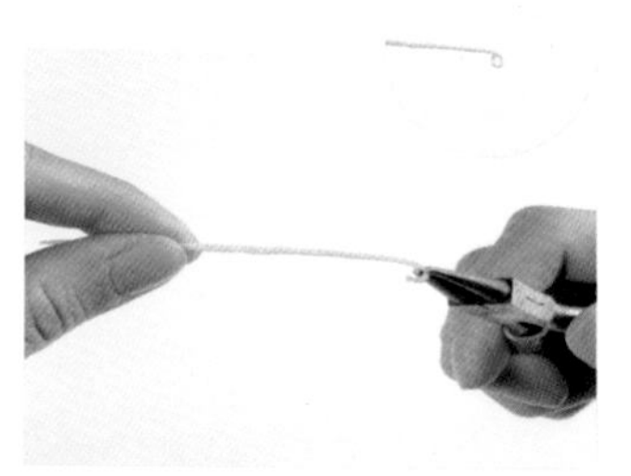

26 承步驟 25，將鐵絲尖端彎成一勾狀。

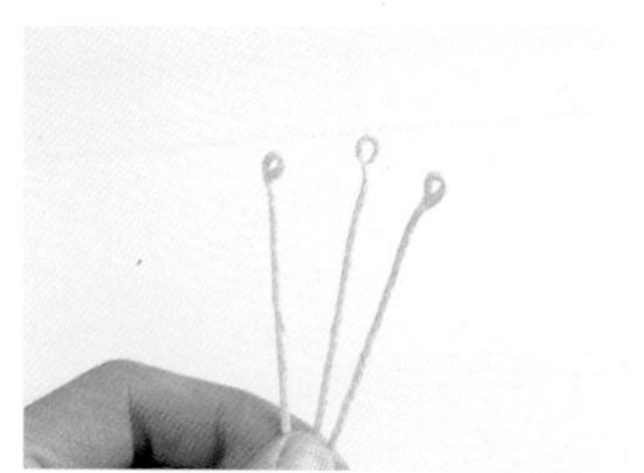

27 重複步驟 25-26，依序加工三根鐵絲。

28 取兩朵布花，並將鐵絲纏繞固定。

29 承步驟 28，取第三朵布花，並將三朵布花的鐵絲纏繞在一起。

30 如圖，鐵絲扭轉完成。

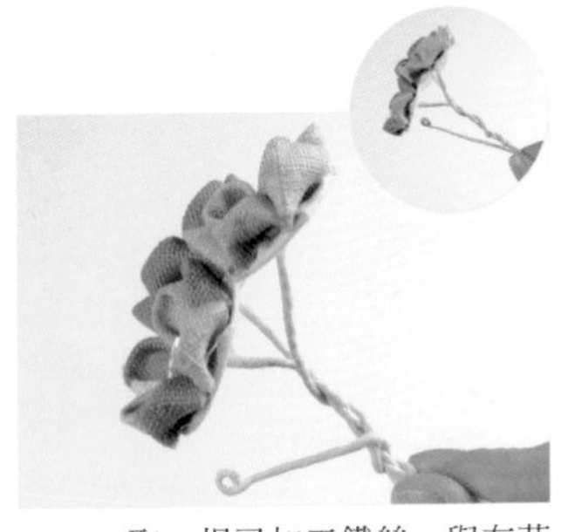

31 取一根已加工鐵絲，與布花鐵絲纏繞成一束。

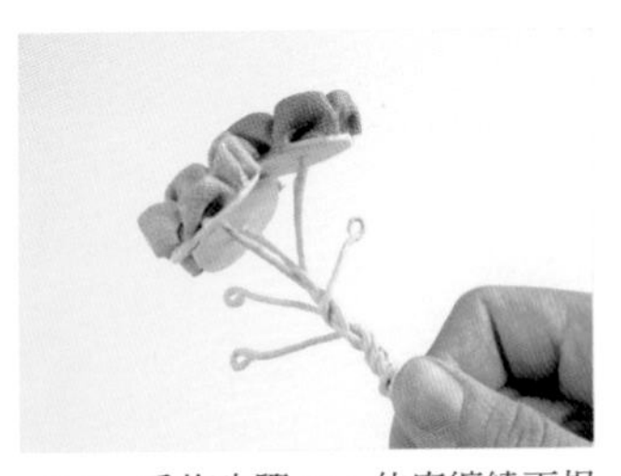

32 重複步驟 31，依序纏繞兩根已加工鐵絲。

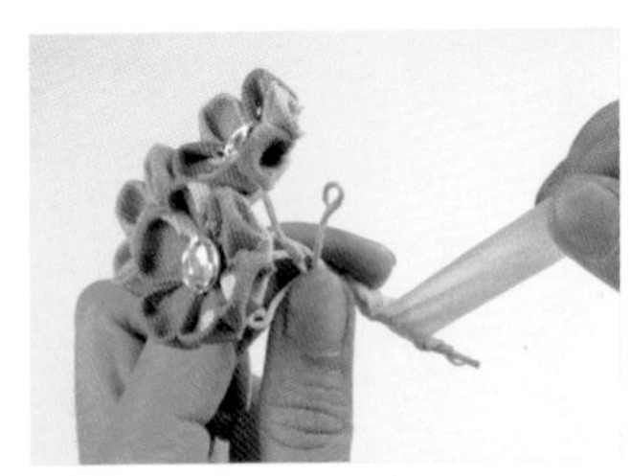

33 以紙膠帶纏繞鐵絲。

34 如圖，布花鐵絲組合完成。

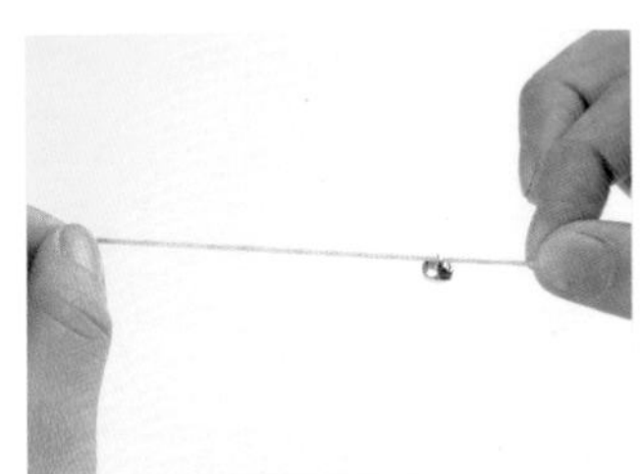

35 以棉線穿入鈴鐺。

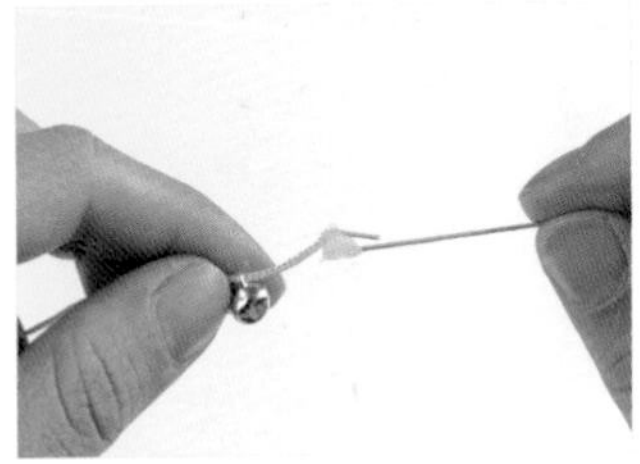

36 在棉線一端塗上漿糊。

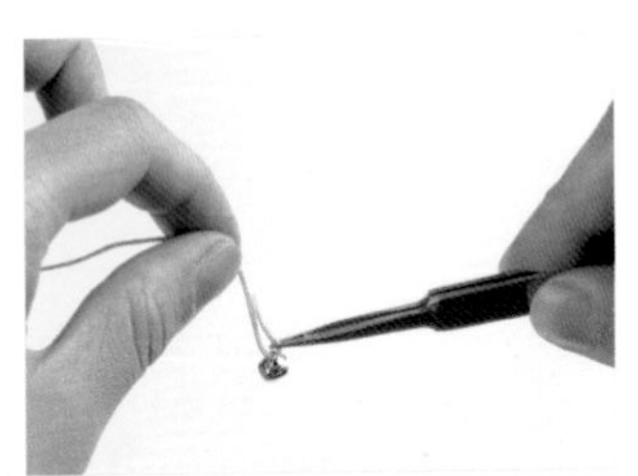

37 承步驟 36，反摺棉線成一吊環，使鈴鐺不掉落。

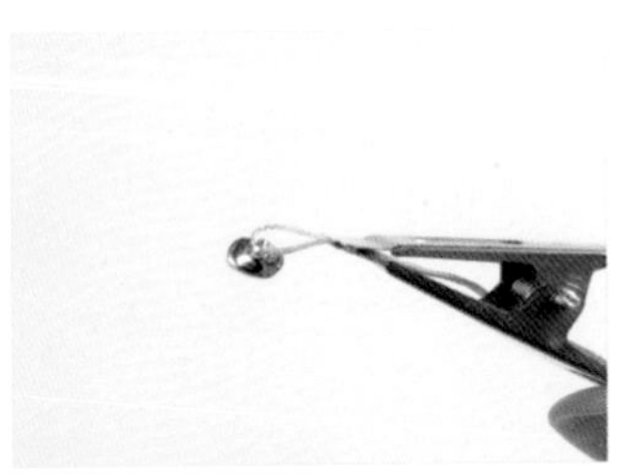

38 以鐵夾暫時固定塗抹漿糊處待棉線固定。

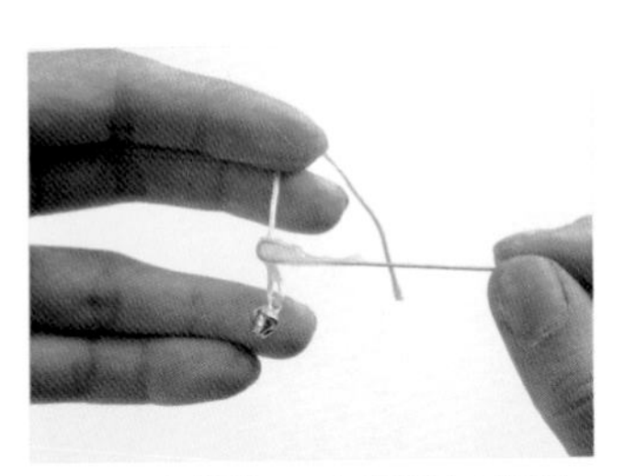

39 承步驟38，在棉線塗上漿糊。

40 以鑷子夾取花瓣放置於漿糊上。

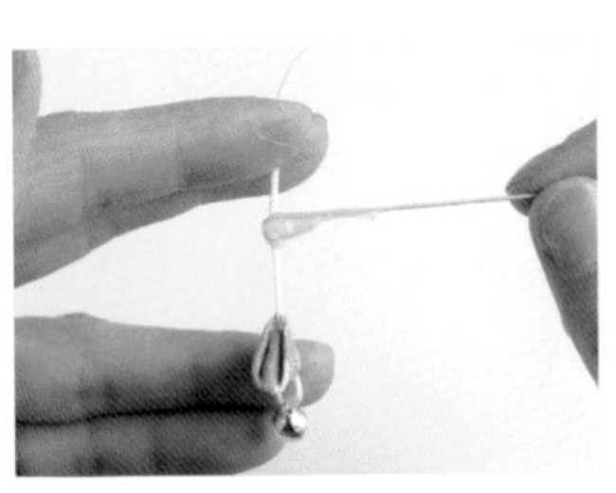

41 在棉線塗上漿糊。

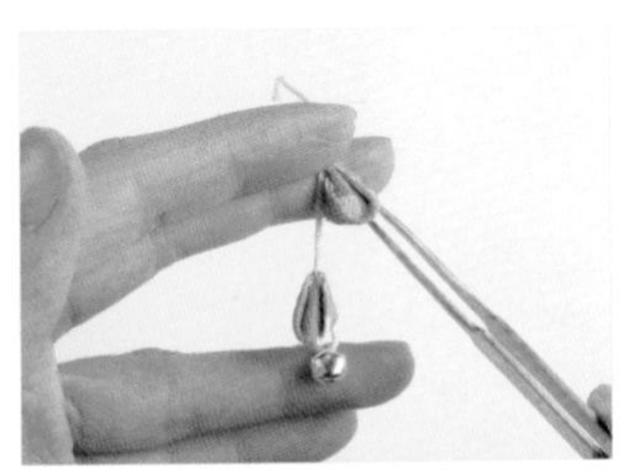

42 承步驟 41，在棉線放上花瓣。（註：可視個人喜好決定擺放的距離。）

43 在步驟 42 花瓣側邊再放上花瓣。

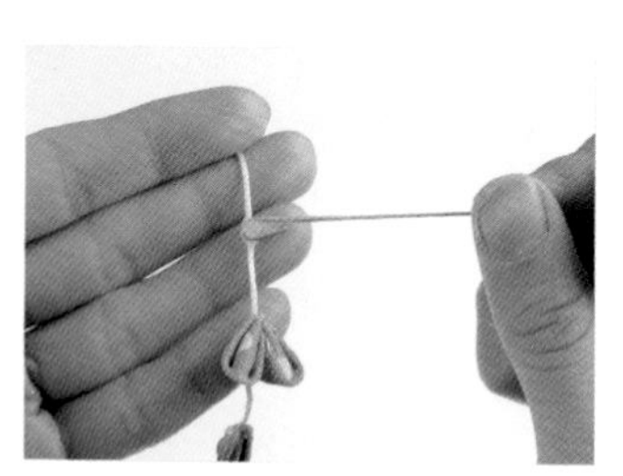

44 在棉線塗上漿糊。

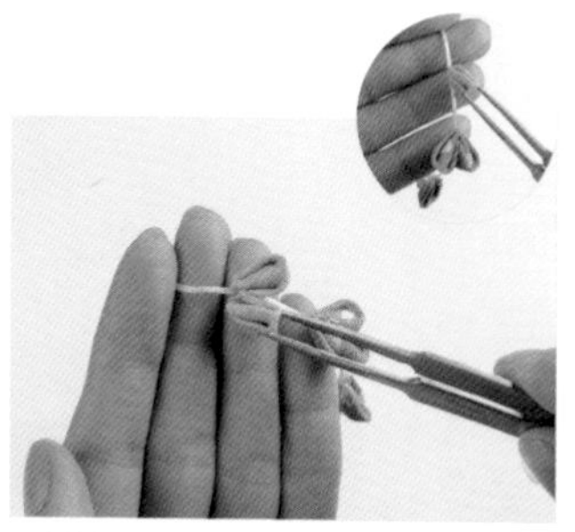

45 在棉線兩側放上花瓣。

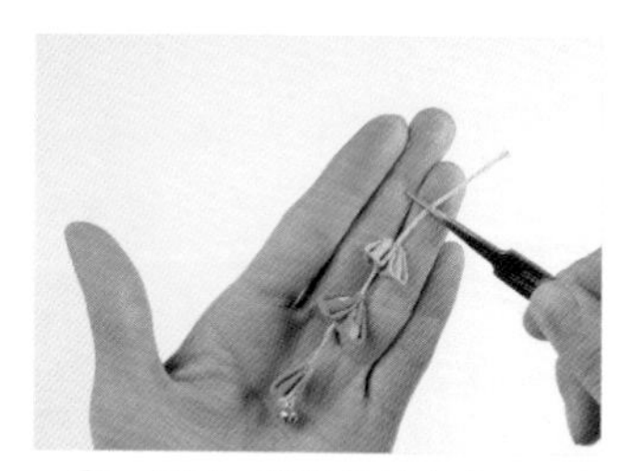

46 如圖，花瓣黏貼完成，形成一花瓣流蘇貌。

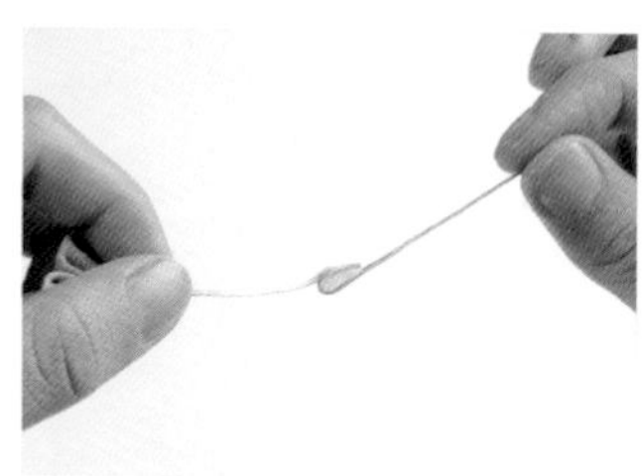

47 在棉線頭塗上漿糊。

48 承步驟 47，以鑷子將棉線反摺呈一小圓。

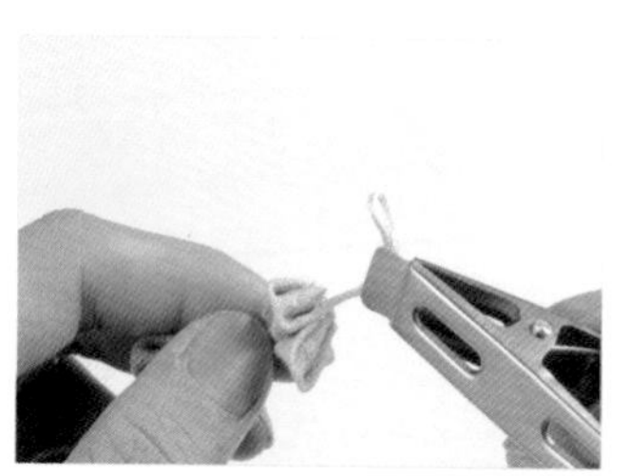

49 取鐵夾加強固定塗抹漿糊處。

50 重複步驟 35-49，再做出兩條花瓣流蘇。

51 以鑷子夾取一花瓣流蘇，掛於布花上的鐵鉤。

52 承步驟 51，以圓嘴鉗將鐵鉤向內彎成小圓，使流蘇不易掉落。

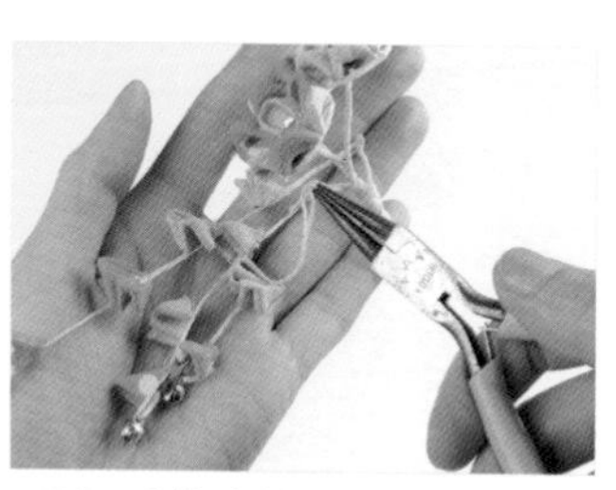

53 重複步驟 51-52，再取一花瓣流蘇掛於布花上的鐵鉤。

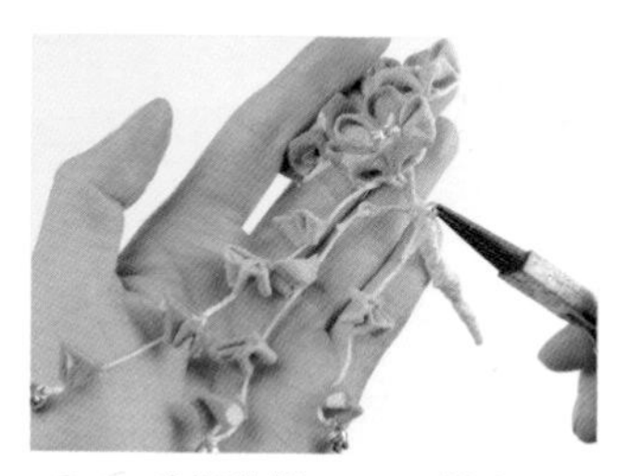

54 重複步驟 51-52，掛上第三條花瓣流蘇。

55 如圖，花瓣流蘇裝飾完成。

56 在髮叉塗上熱熔膠，將布花置於髮叉上，並用手加強固定。

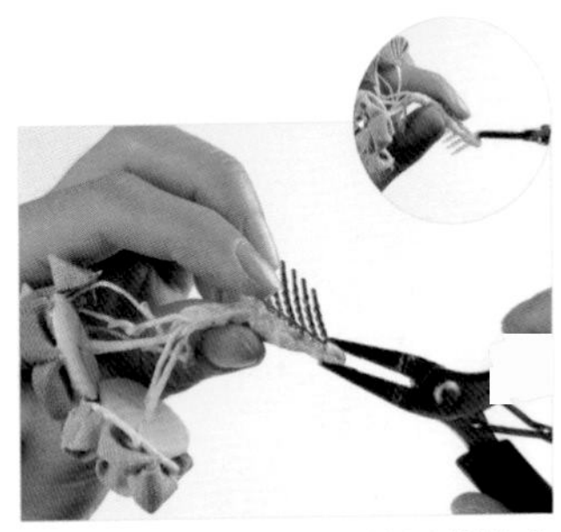

57 以平口鉗將鐵絲尾端往後彎，並將鐵絲壓緊。

58 取棉線，纏繞於布花鐵絲及髮叉上。

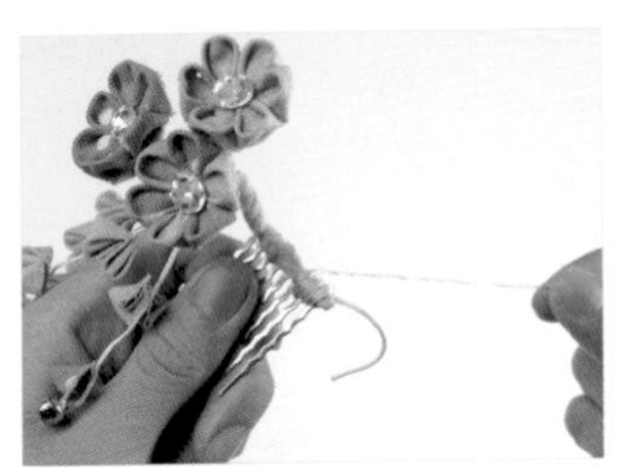

59 重複步驟 58，依序在布花鐵絲和髮叉上纏繞棉線。

60 重複步驟 58，以螺旋狀的方式依序纏繞。

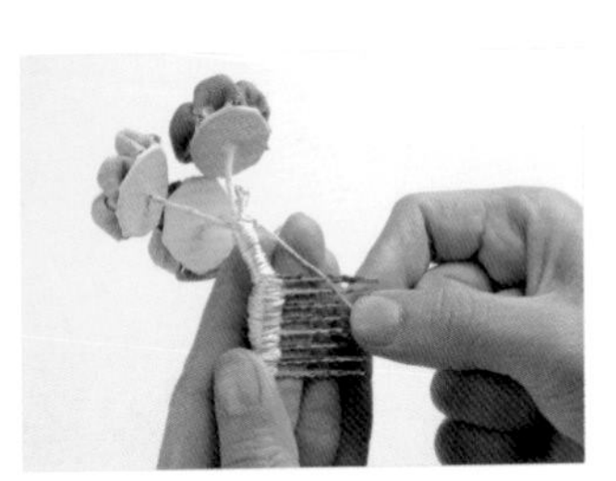

61 重複步驟 58，將鐵絲繞滿棉線。

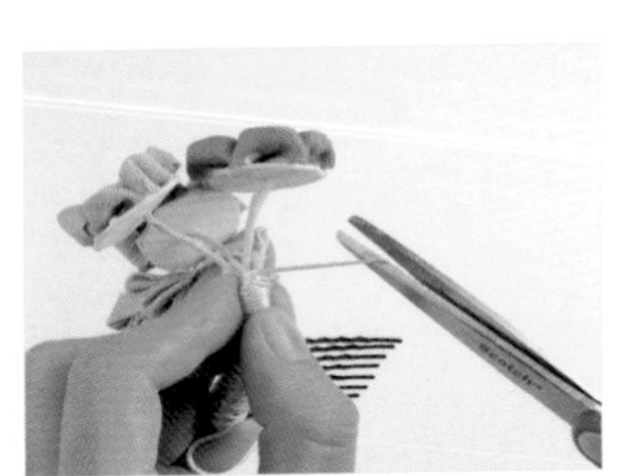

62 以剪刀剪下多餘棉線。

63 在棉線上塗熱熔膠以固定尾端棉線。

64 在髮叉側邊塗上熱熔膠並以棉線纏繞，增加整體設計感。

65 最後，以鑷子加強固定棉線即可。

66 如圖，布花飾品製作完成。

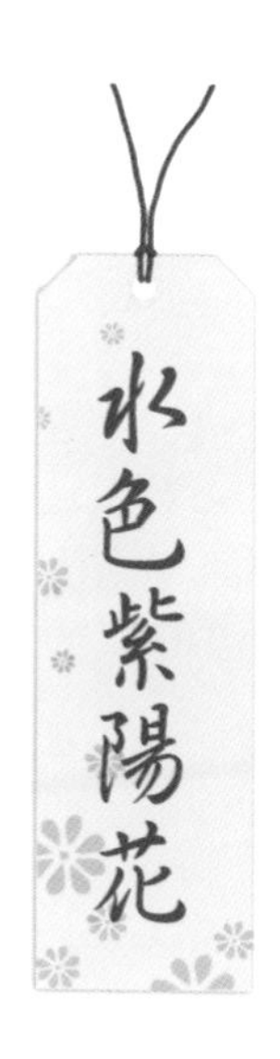

材料

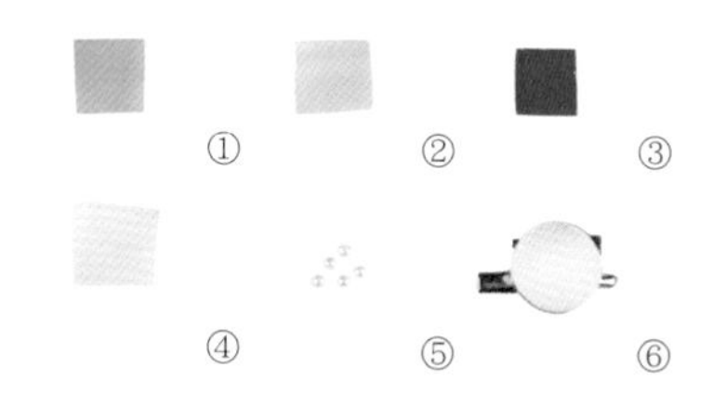

1. 綠布 5 片（2cm）
2. 天藍布 16 片 (2cm)
3. 深藍布 8 片（2cm）
4. 米色布 9 片（2cm）
5. 小珍珠數顆
6. 底座 1 個

步驟

01 預先製作好所須的花瓣。

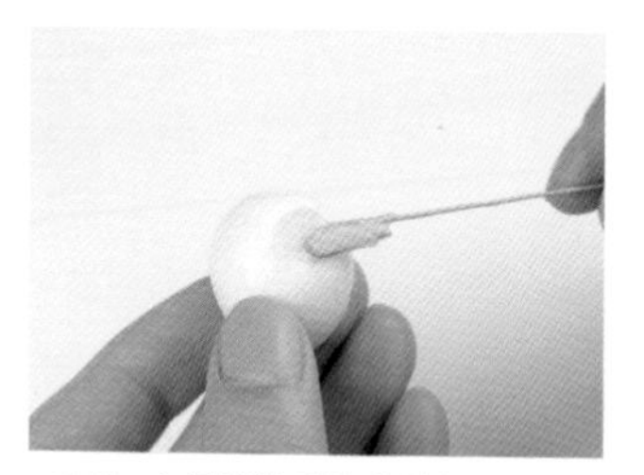

02 在保麗龍球塗上漿糊。

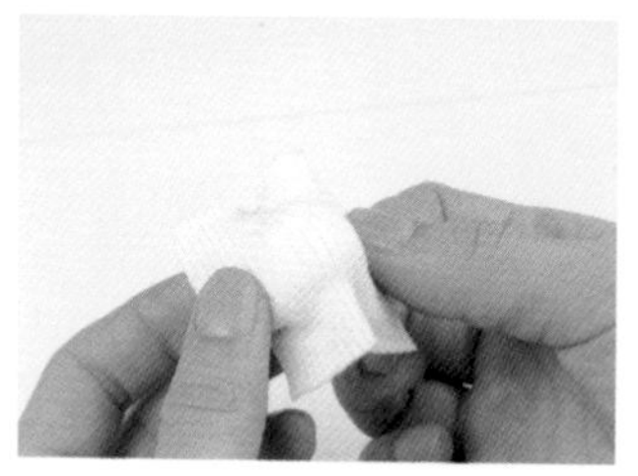

03 以白色布包覆保麗龍球，並用手將布面拉平整。（註：建議取有彈性的布包覆，才不易有凹凸不平的痕跡。）

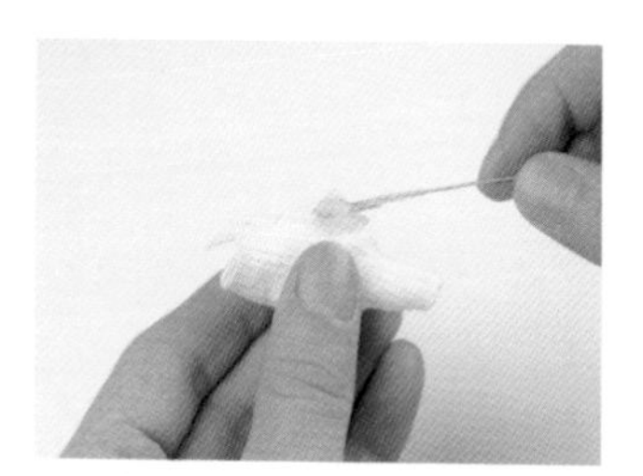

04 在保麗龍球的另一面塗上漿糊。

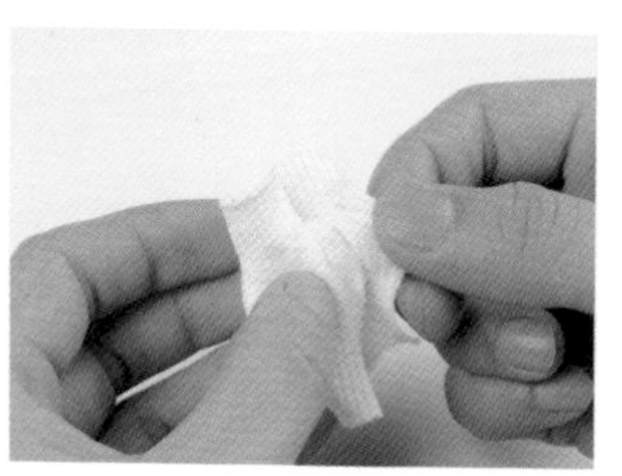

05 承步驟 4，將左右兩側的布向內包覆。

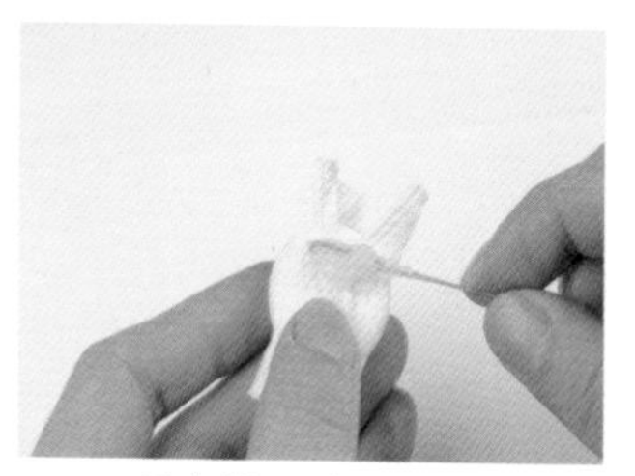

06 承步驟 5，包覆完成後，再塗上漿糊。

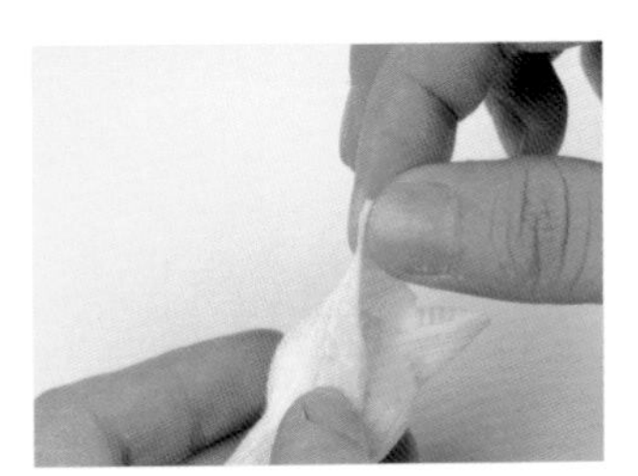

07 取保麗龍球上側的布。

08 承步驟7，將布向內包覆後，再塗上漿糊。

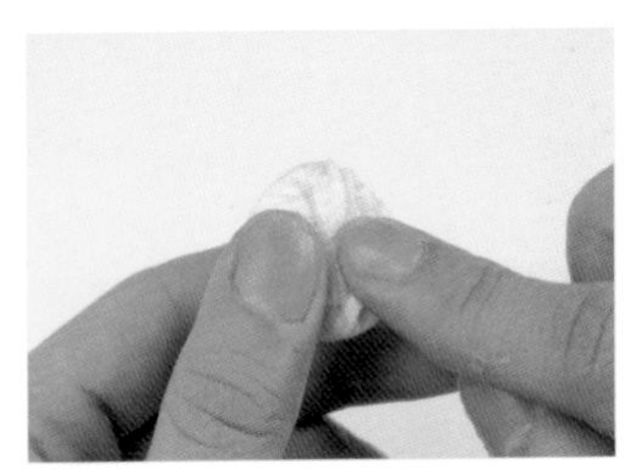

09 承步驟8，取剩餘的布，依序向內包覆。

10 如圖，保麗龍球包覆完成。

11 在胸針夾的圓形鐵盤擠上熱熔膠。

12 取已包覆布的保麗龍球，擺放至熱熔膠上方。

13 承步驟12，用手加強壓緊保麗龍球，即完成半圓形底座。

14 以鑷子夾取已沾取漿糊的天藍色花瓣，並固定於底座上方。

15 以鑷子夾取天藍色花瓣前端，使天藍色花瓣前端呈現圓形。

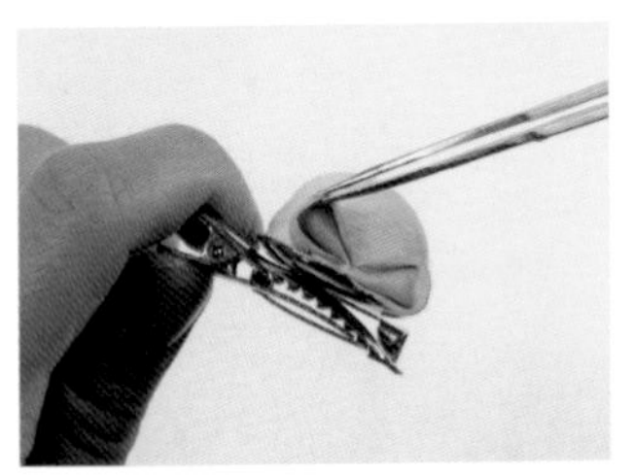

16 重複步驟14-15，使花瓣呈蝴蝶結貌。

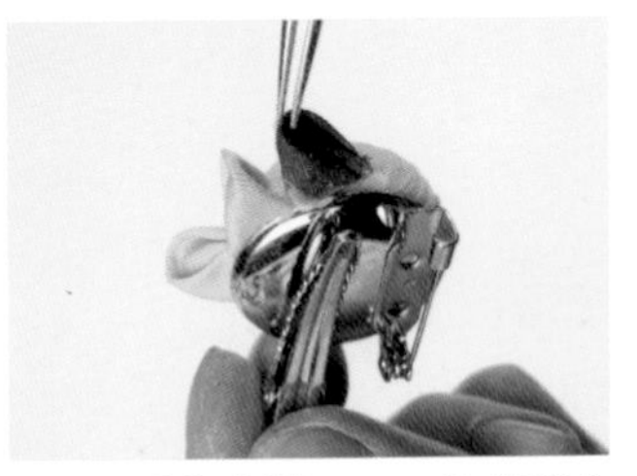

17 重複步驟14-15，取寶藍色花瓣貼於天藍色花瓣側邊。

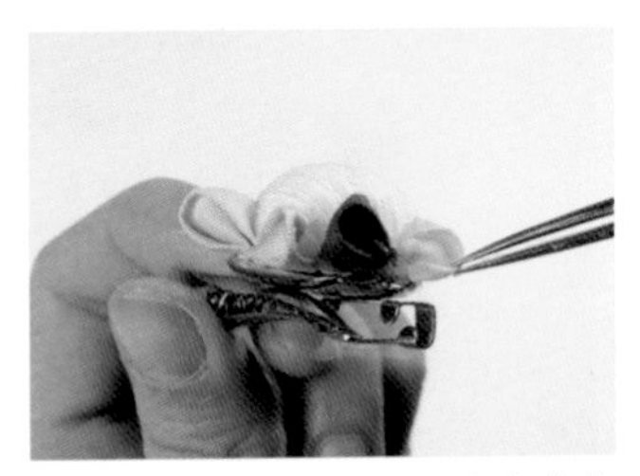

18 重複步驟14-15，取米白色花瓣貼於寶藍色花瓣側邊。

19 重複步驟 14-18，依序取不同色花瓣黏貼於底座，完成第一圈花瓣。

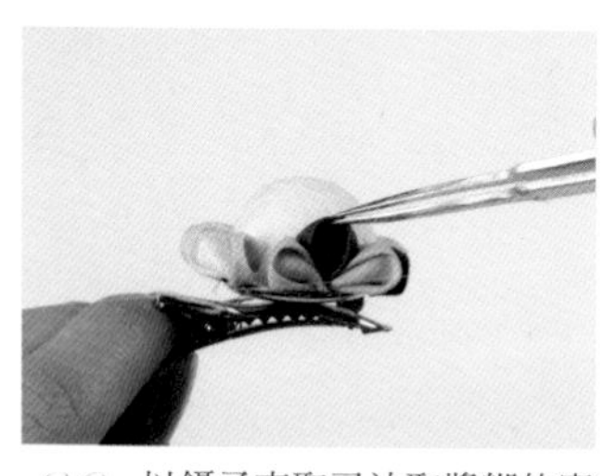

20 以鑷子夾取已沾取漿糊的寶藍色花瓣，放置在兩片花瓣中間。

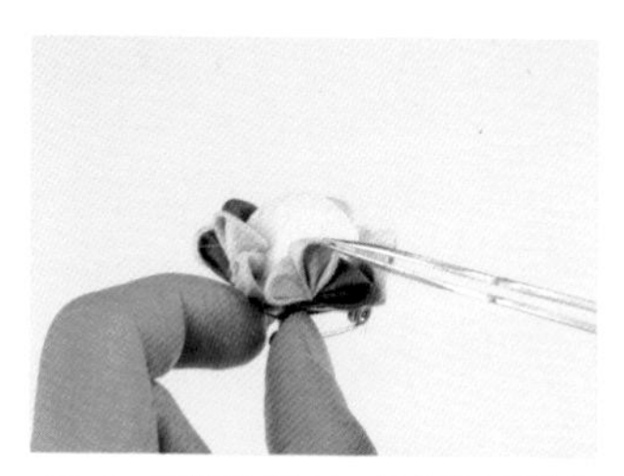

21 重複步驟 20，依序取不同色花瓣堆疊，呈現花朵貌。

22 重複步驟24，依序堆疊花朵。（註：花朵間須預留間隙，以便後續擺放綠葉。）

23 重複步驟 14-20，依序堆疊花朵至呈現繡球花貌。

24 以鑷子夾取已沾取漿糊的綠色葉子，並擺放於步驟 22 預留的間隙。

25 重複步驟 24，依序將綠葉擺放完成。

26 如圖，綠葉裝飾完成。

27 在四片花瓣中心塗上漿糊。

28 承步驟 27，以鑷子夾取珍珠並黏貼於花心。

29 最後，依序取珍珠擺放於花心即可。

30 如圖，繡球花飾品製作完成。

材料

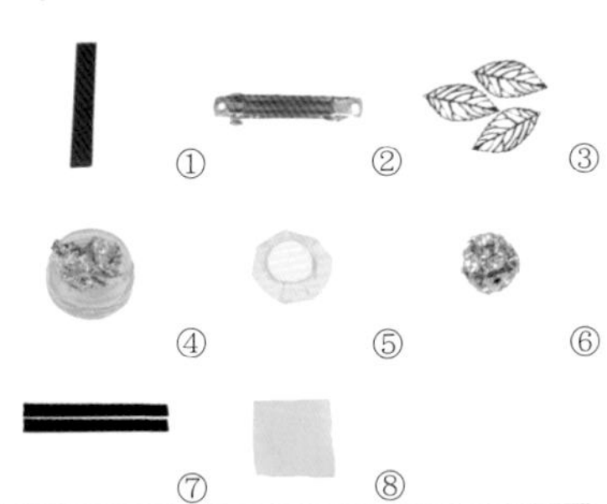

1. 硬紙板 1 個	5. 底座 1 個
2. 法式夾 1 個	6. 水鑽 1 顆
3. 金屬葉 3 片	7. 緞帶 2 段
4. 金箔片少許	8. 藍布 10 片 (2cm)

步驟

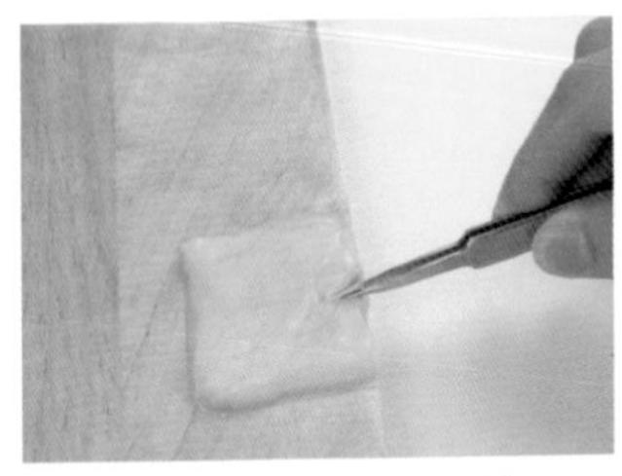

01 預先製作好所須的花瓣。

02 先取一金屬葉，並於金屬葉根部塗上漿糊。

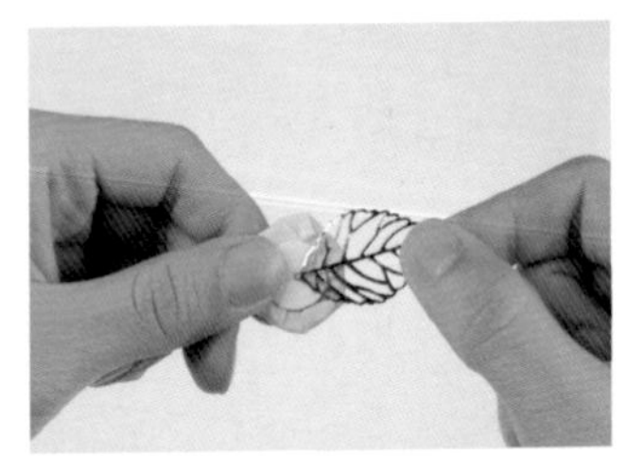

03 承步驟 2，將金屬葉固定於底座上。

04 重複步驟 2-3，貼上另一金屬葉。

05 如圖，金屬葉擺放完成。

06 先以花瓣沾取漿糊，再將花瓣固定於底座上。

07 重複步驟 6，依序將花瓣固定於底座上，呈花朵貌。

08 取一金屬葉，並以斜剪鉗修剪，製造出不規則感。

09 重複步驟 8，將金屬葉剪裁完成。（註：可視個人喜好做調整。）

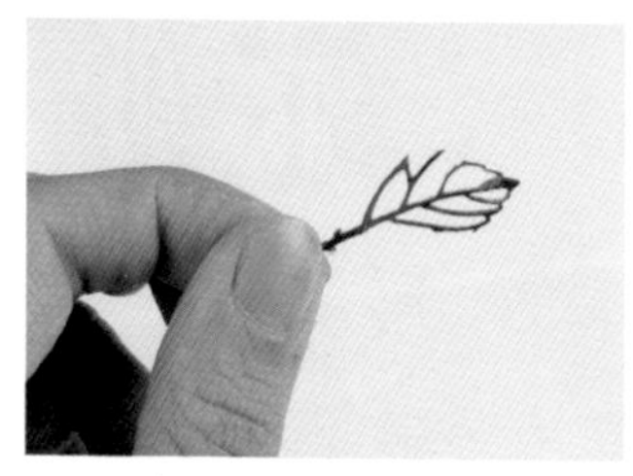

10 如圖，金屬葉修剪完成。

11 先以金屬葉根部沾取強力膠後，再固定於底座上。

12 如圖，金屬葉黏貼完成。

13 將強力膠塗抹於花心。

14 以鑷子夾取水鑽，固定於花心。

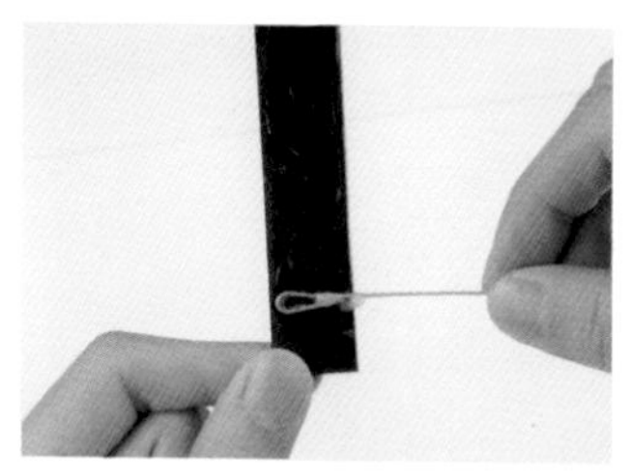

15 將漿糊塗抹於硬紙板上。

16 取一緞帶平鋪於硬紙板上。

17 重複步驟 16，取另一緞帶平鋪於硬紙板上。

18 承步驟 17，將多餘的緞帶往內收，並以漿糊固定，呈現緞面的質感。

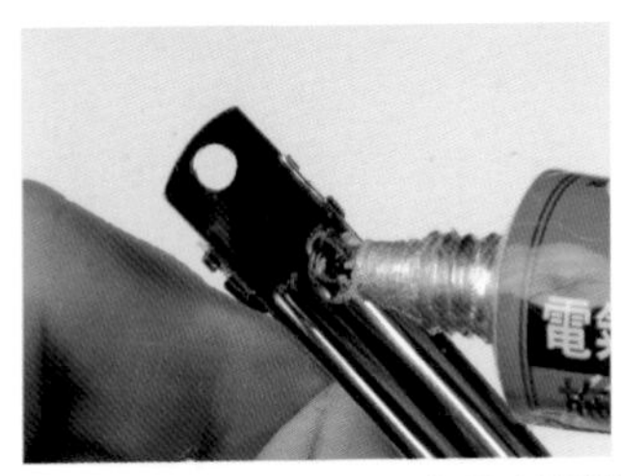

19 取出法式夾，並將強力膠擠於法式夾上。

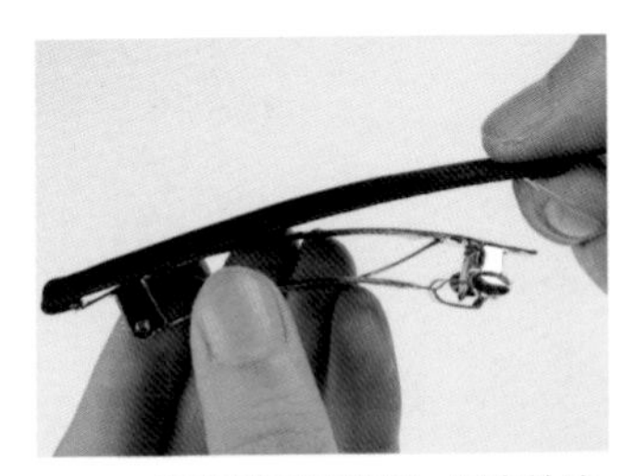

20 取出緞面硬紙板，固定於法式夾上。

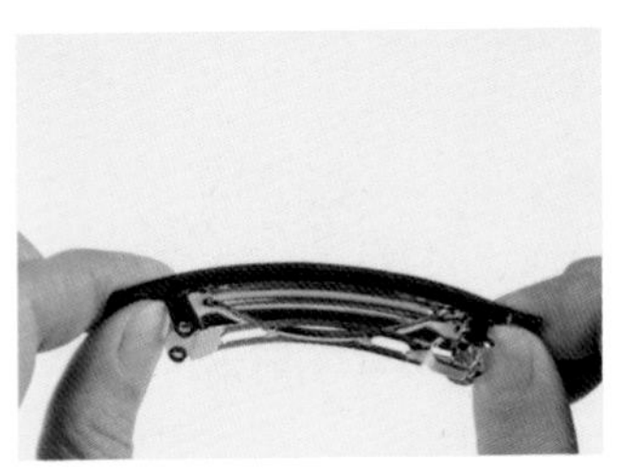

21 承步驟 20，用手加強固定緞面硬紙板。

22 將漿糊塗抹於緞面硬紙板左上角。

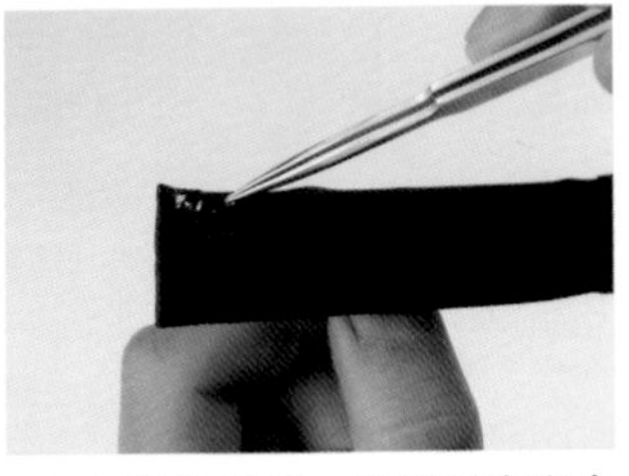

23 承步驟 22，以鑷子夾取金箔，裝飾緞面硬紙板。

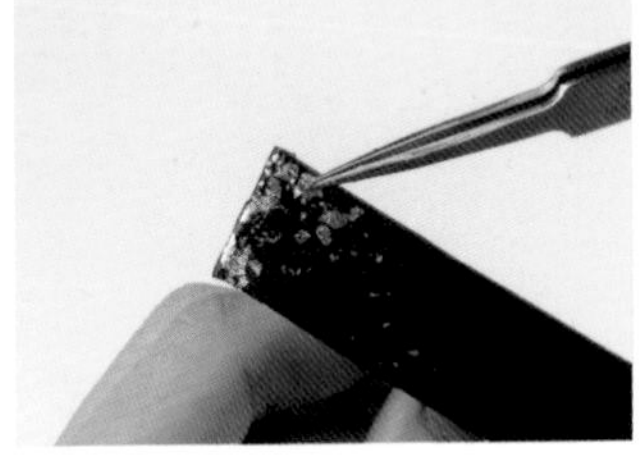

24 重複步驟 23，依序取金箔堆疊出層次感。

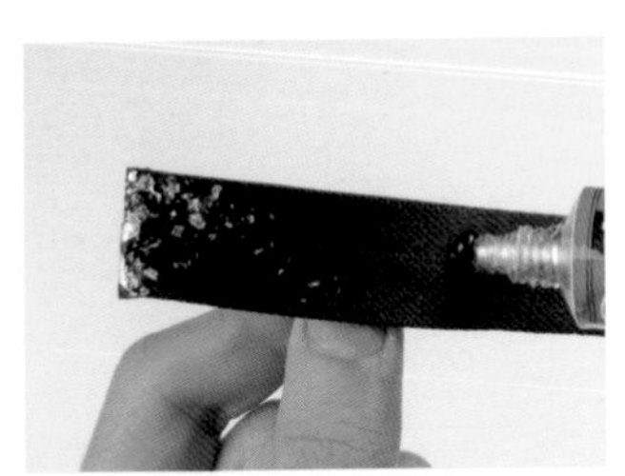

25 取強力膠擠於法式夾上。

26 最後，用手將布花固定於塗抹強力膠處即可。

27 布花飾品製作完成正面圖。

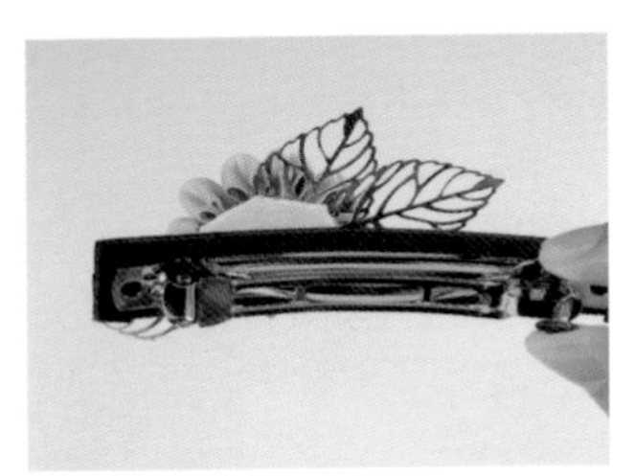

28 布花飾品製作完成反面圖。

優雅珠光

材料

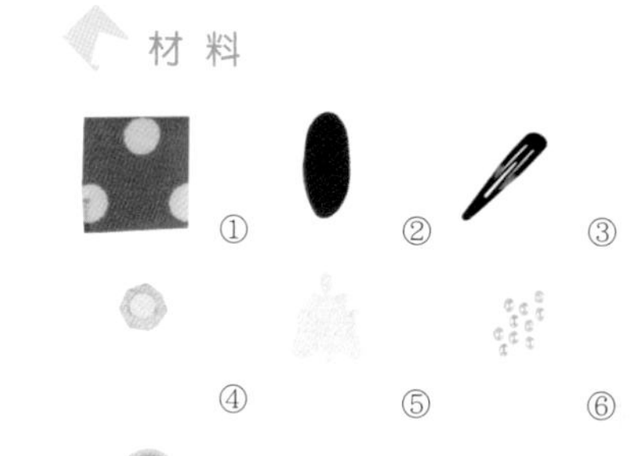

1. 花布 10 片（1.8cm）
2. 橢圓形硬紙板 1 個
3. 髮夾 1 枚
4. 底座 1 個
5. 蕾絲花布 1 片
6. 小珍珠數顆
7. 大珍珠 1 顆

步驟

01 預先製作好所須的花瓣。

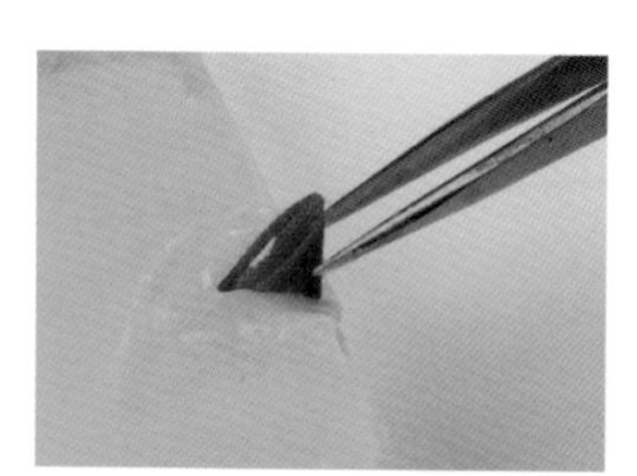

02 以鑷子夾取已定型的花瓣，並再次沾取漿糊。

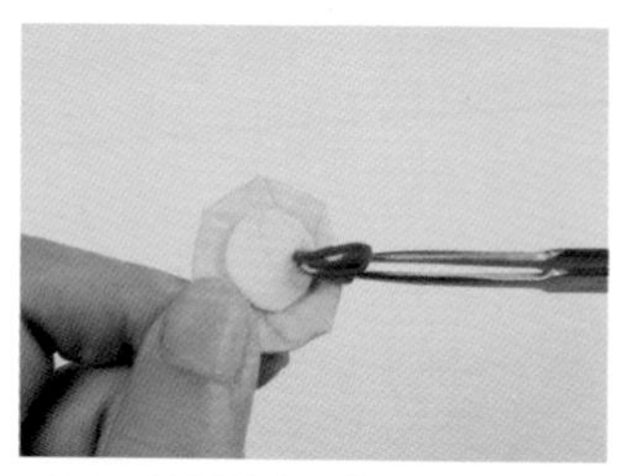

03 以鑷子夾取花瓣，並固定於底座上方。

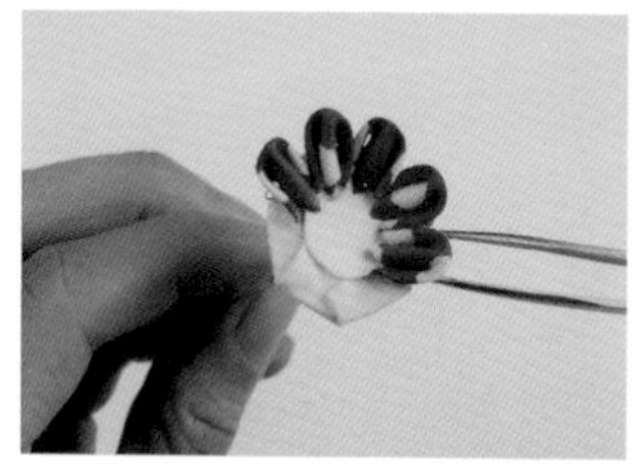

04 重複步驟 2-3，將 4 片花瓣固定於底座上。

05 重複步驟 2-3，依序將花瓣固定於底座上，呈花朵貌。

06 在花心塗上熱熔膠。

07 承步驟 6，將大珍珠固定於花心。

08 如圖，大珍珠固定完成。

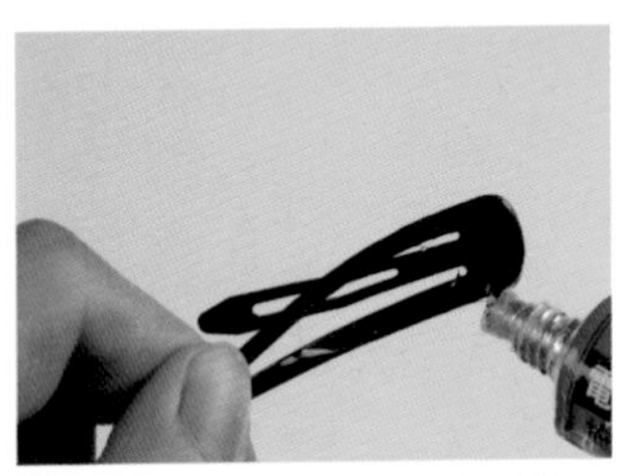

09 將強力膠塗抹於髮夾尾端。

10 承步驟 9，將橢圓形硬紙板固定於髮夾上。

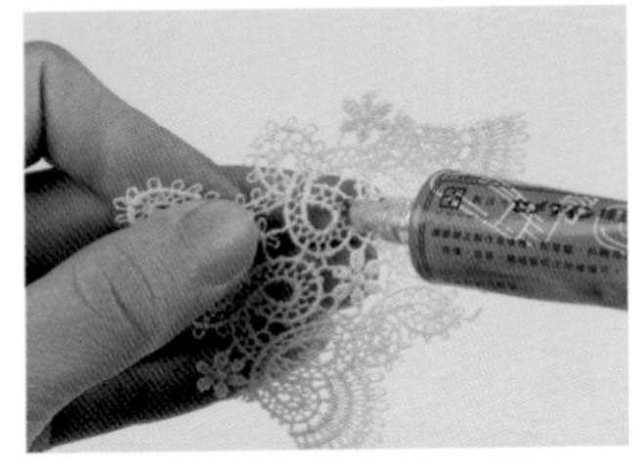

11 以蕾絲花沾取強力膠。

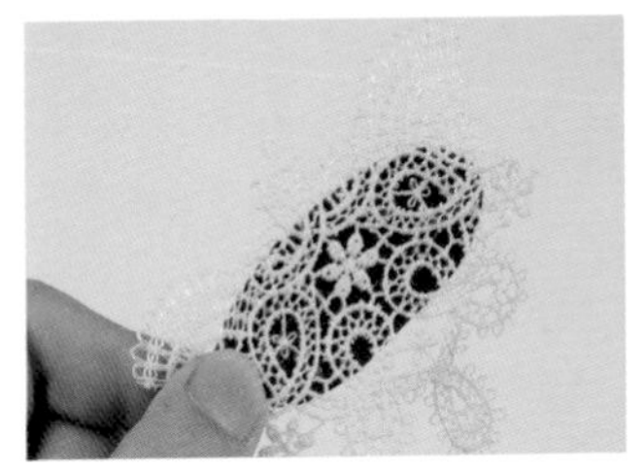

12 承步驟 11，將蕾絲花布貼於橢圓形硬紙板前面。

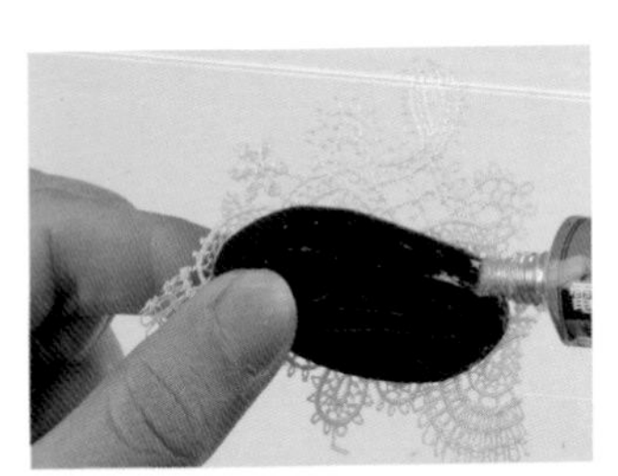

13 將強力膠塗抹於橢圓形硬紙板後面。

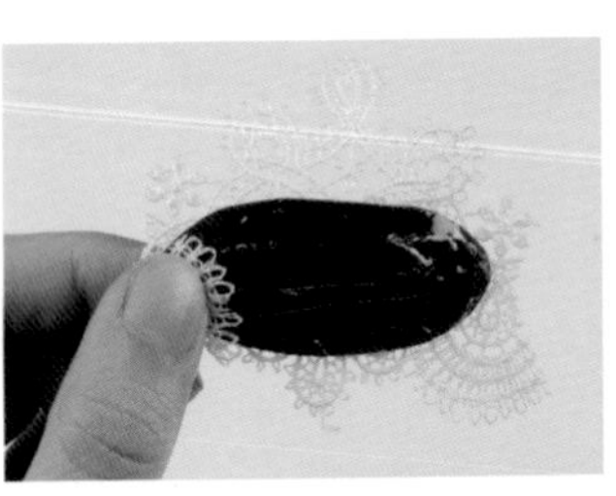

14 承步驟 13，將橢圓形硬紙板上多餘的蕾絲花往內收。

15 重複步驟 14，順著橢圓形硬紙板外形，將蕾絲花布依序往內收。

16 如圖，蕾絲花布固定完成。

17 先在布花底座塗上強力膠後，再固定於蕾絲花布上方。

18 在髮夾側邊塗上強力膠。

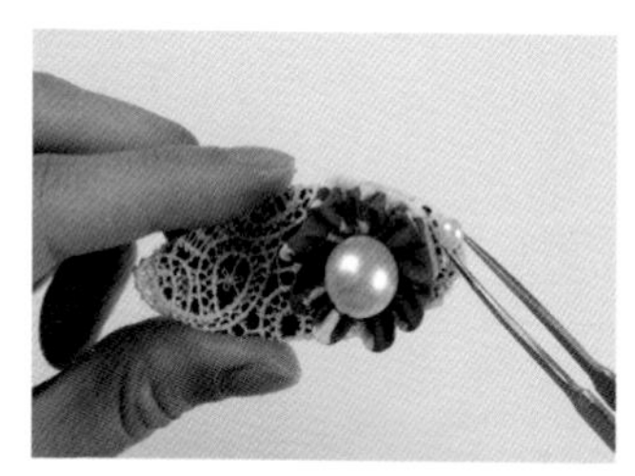

19 承步驟 18，以鑷子夾取小珍珠固定於強力膠上。

20 重複步驟 18-19，依序將小珍珠固定於髮夾側邊上。

21 重複步驟 18-19，依序將小珍珠固定於髮夾側邊上，使小珍珠呈現彎月形。

22 在髮夾另一側塗上強力膠。

23 最後，再以鑷子夾取小珍珠，依序擺上強力膠上方即可。

24 如圖，布花飾品製作完成。

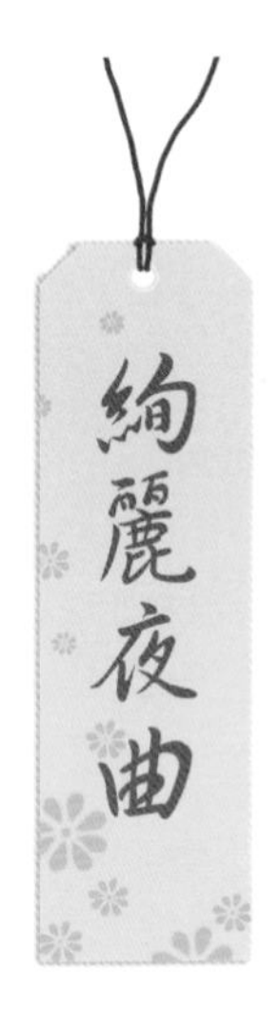

材料

1. 蕾絲花布 1 片
2. 橢圓形花布 1 片
3. 花布 7 片 (2cm)
4. 水鑽 1 顆
5. 胸針夾 1 個
6. 橢圓形硬紙板 1 個

步驟

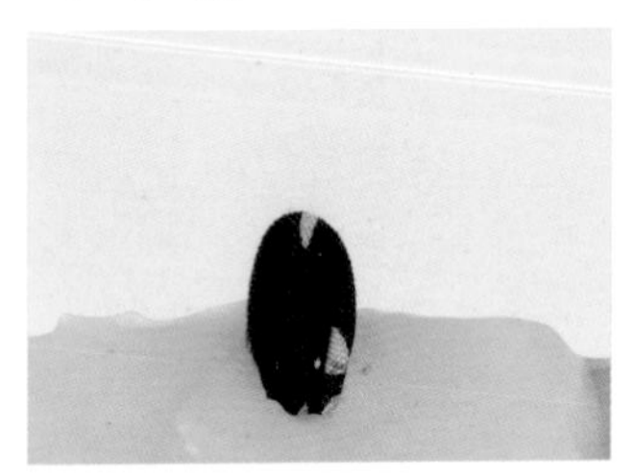

01 預先製作好所須的花瓣。

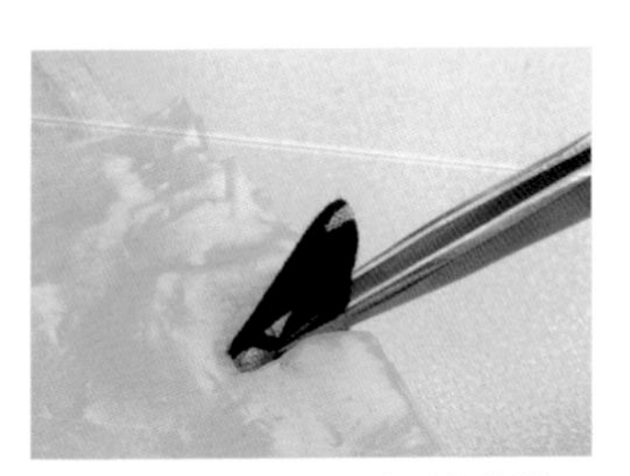

02 以鑷子夾取已定型的花瓣，並再次沾取漿糊。

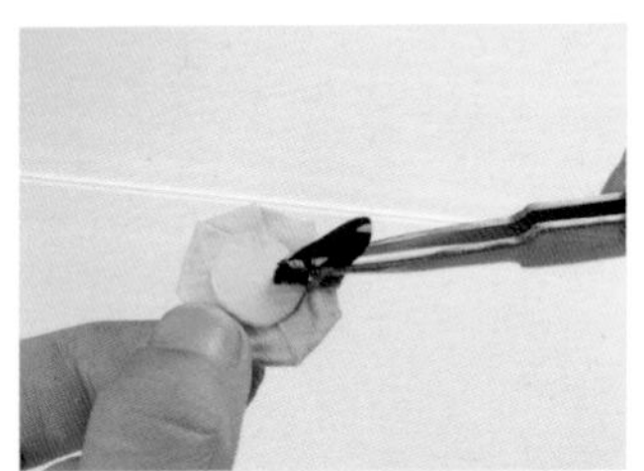

03 以鑷子夾取花瓣，並固定於底座上方。

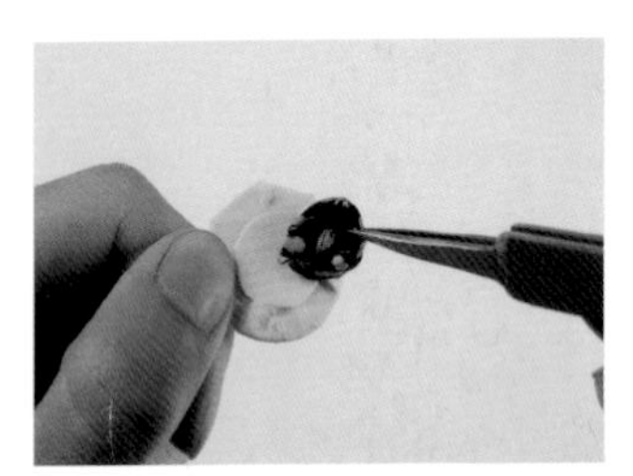

04 以鑷子將花瓣前端向內彎折，使花瓣尖端呈現圓形。

05 承步驟 4，以鑷子輕壓花瓣前端，調整花瓣形狀呈現三角形。

06 重複步驟 2-5，依序將花瓣擺放置底座上。

07 重複步驟 2-5，依序將花瓣擺放置底座上，呈現花朵貌。

08 在布花中心塗上熱熔膠。

09 以鑷子夾取水鑽，固定於布花中心。

10 如圖，水鑽黏貼完成。

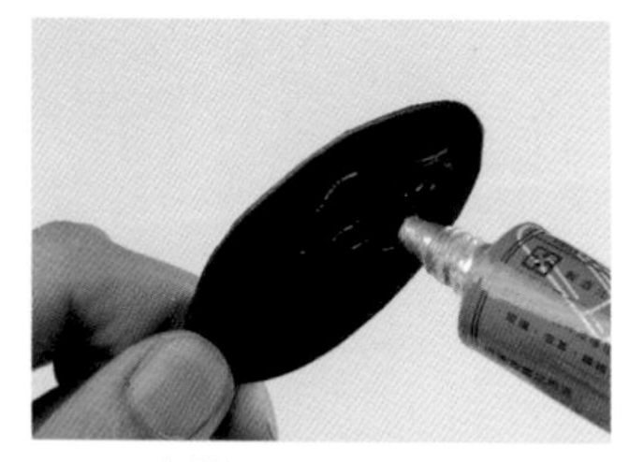

11 在橢圓形硬紙板塗上強力膠。

12 承步驟 11，將橢圓形硬紙板放置在橢圓形花布中央。

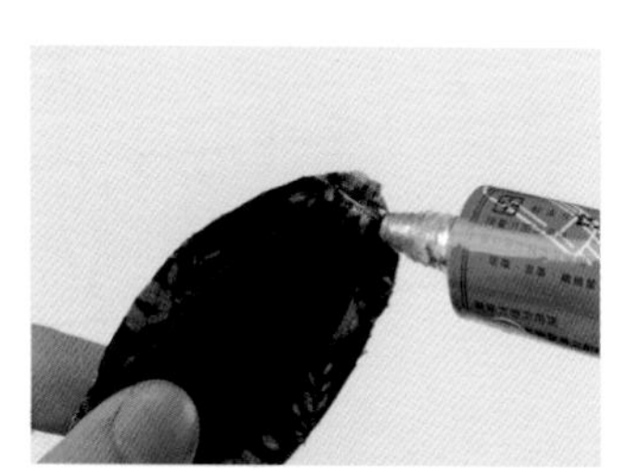

13 在花布塗上強力膠。

14 承步驟 13，用手將花布向內包覆橢圓形硬紙板。

15 重複步驟 14，依序將花布向內包覆。

16 承步驟 15，將花布沿著橢圓形硬紙板往內收。

17 如圖，橢圓硬紙板加工完成。

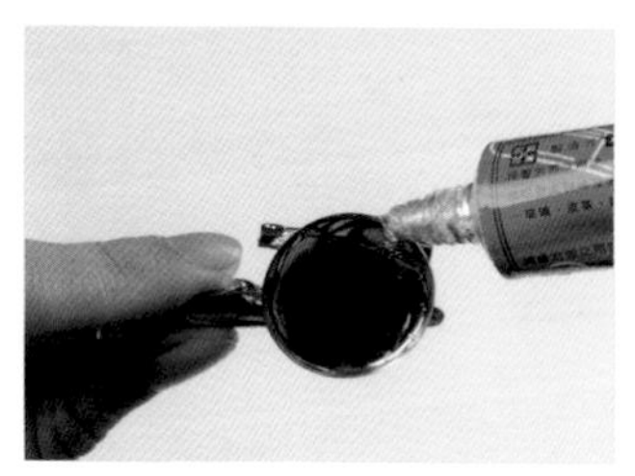

18 在胸針夾的圓形鐵盤塗上強力膠。

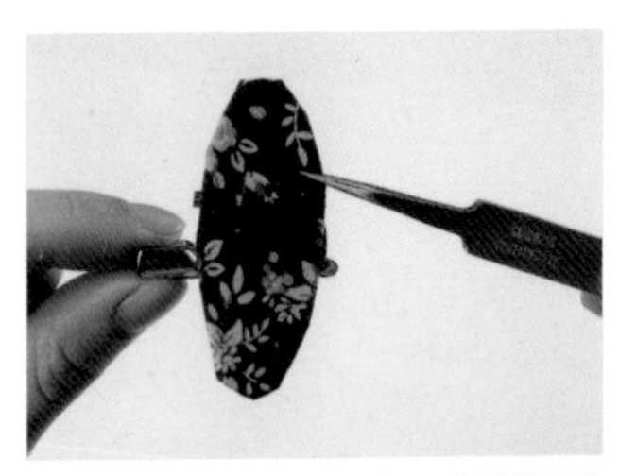

19 以鑷子夾取已加工的橢圓形硬紙板置於胸針夾上。

20 承步驟 19，用手加強固定橢圓形硬紙板。

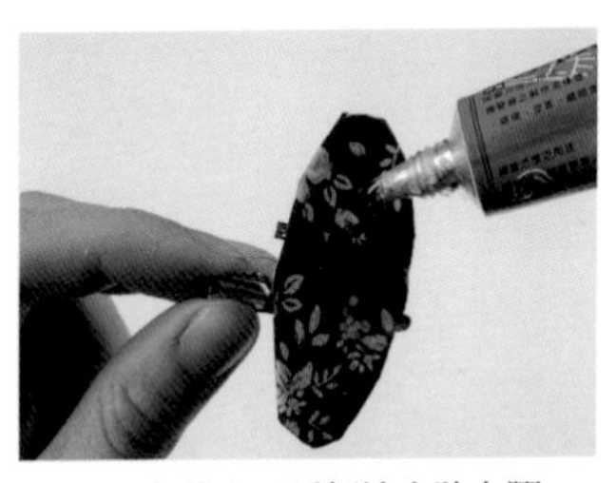

21 在花布硬紙板塗上強力膠。

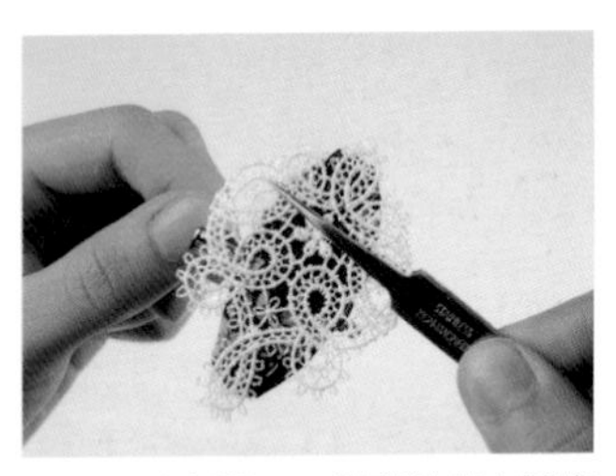

22 承步驟 21，將蕾絲花布固定於塗抹強力膠處。

23 在蕾絲花布上塗上熱熔膠。

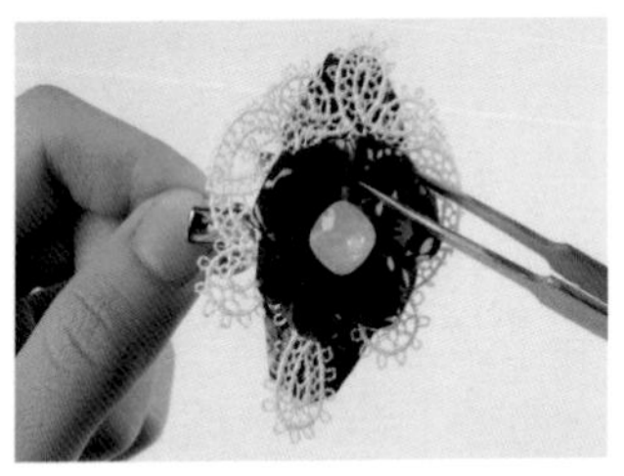

24 以鑷子夾取布花，並將布花置於熱熔膠上，

25 最後，用手加強固定布花即可。

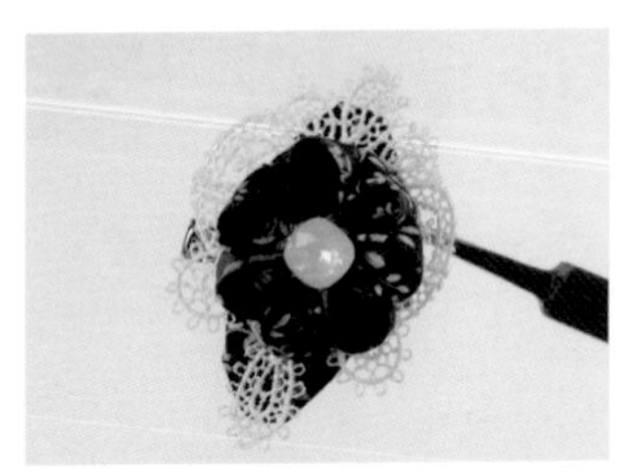

26 如圖，布花飾品製作完成。

粉嫩櫻色

材料

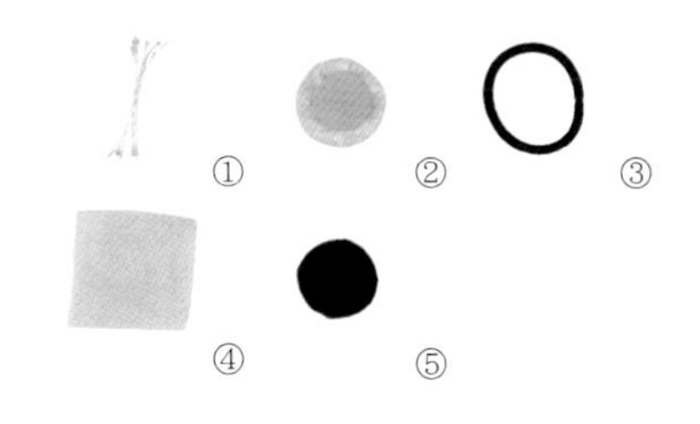

1. 花蕊 1 束
2. 底座 1 個
3. 髮圈 1 個
4 粉色布 5 片（3cm）
5. 黑色圓形不織布 1 片

步驟

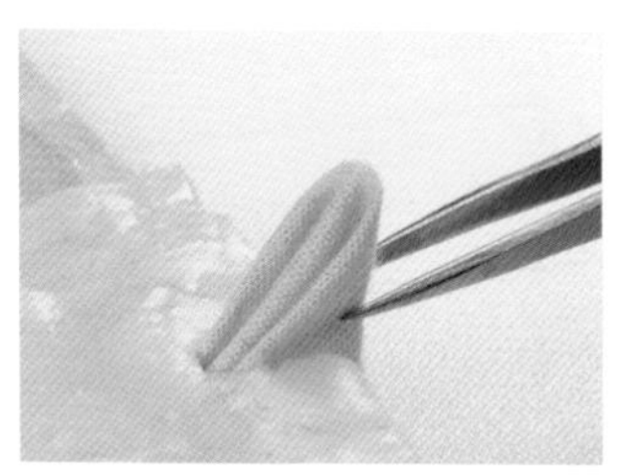

01 預先製作好所須的花瓣，並以鑷子夾取已定型的花瓣沾取漿糊。

02 以鑷子夾取花瓣，並固定於底座上方。

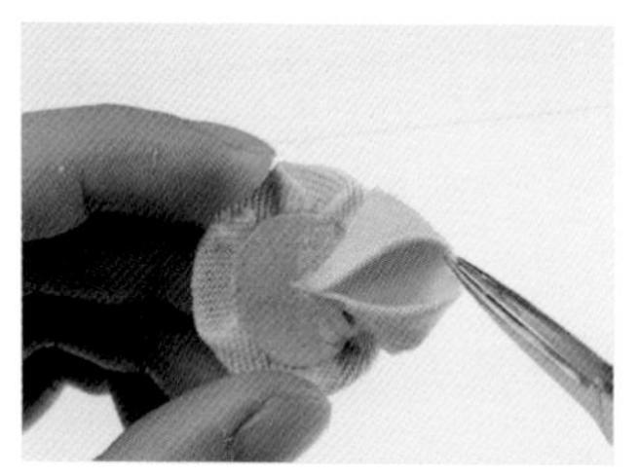

03 以鑷子夾取花瓣前端，使花瓣前端呈現圓形。

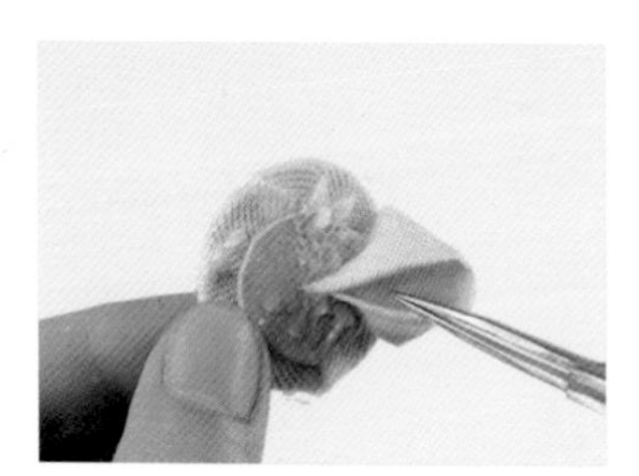

04 以鑷子輕壓花瓣中間，使花瓣呈盛開貌。

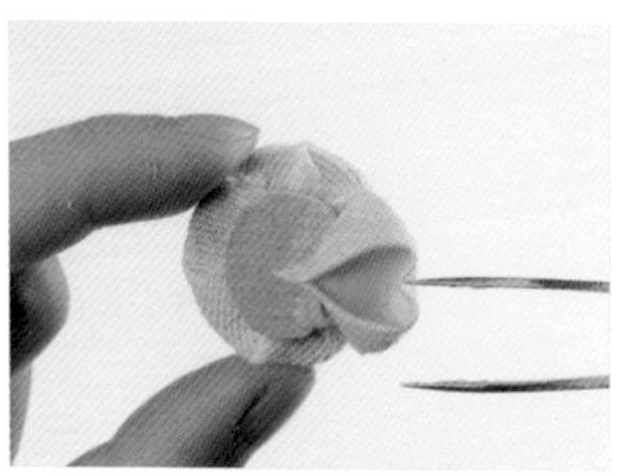

05 以鑷子尖端將花瓣前端往內壓，形成一心形花瓣。

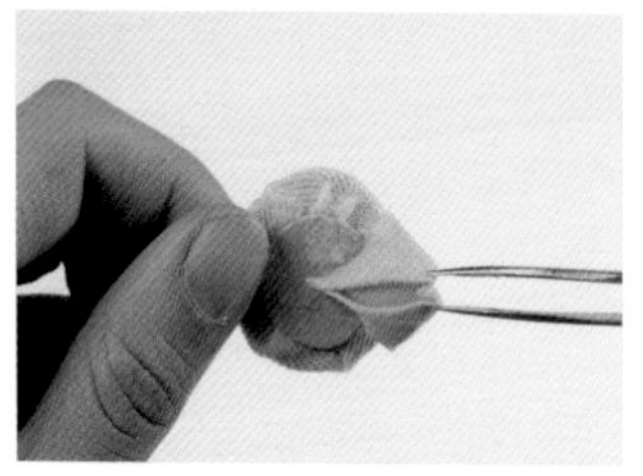

06 承步驟 5，以鑷子輕壓出折痕，使心形花瓣定型。

07 重複步驟 1-6，依序將花瓣固定於底座上。

08 重複步驟 1-6，依序將花瓣固定於底座上，呈現櫻花貌。

09 如圖， 布花製作完成。

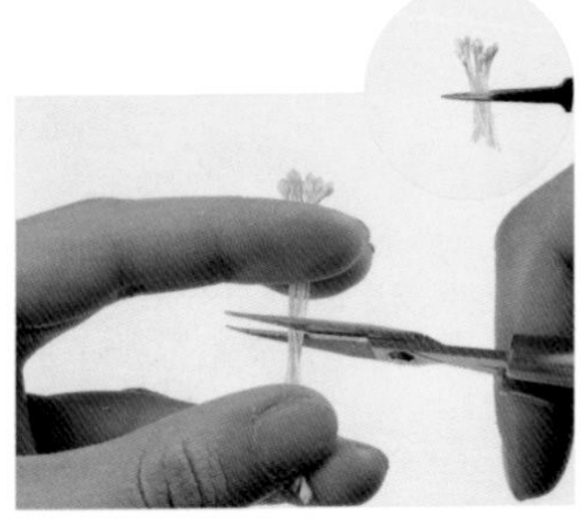

10 取花蕊，並以剪刀剪成一半。

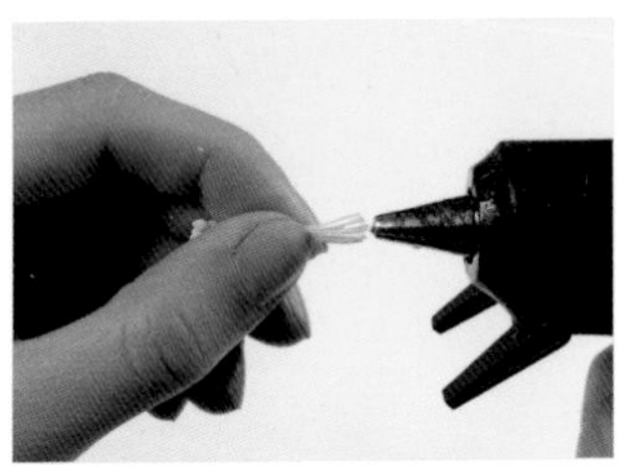

11 在花蕊尾端塗上熱熔膠。

12 以鑷子夾花蕊，待熱熔膠降溫再用手加強固定。

13 承步驟 12，以剪刀修剪多餘熱熔膠。

14 以鑷子調整花蕊呈現煙花狀。

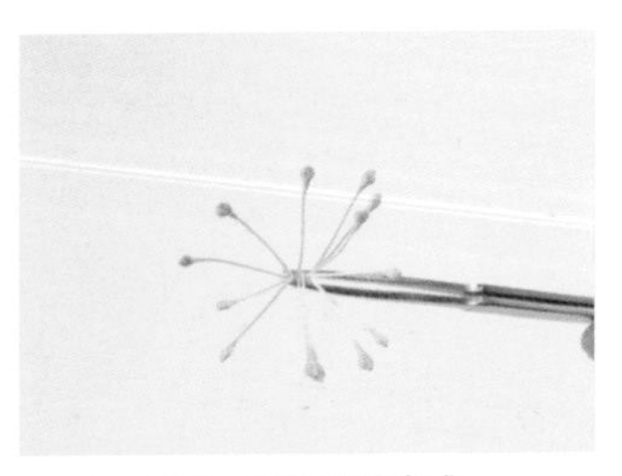

15 如圖，花蕊調整完成。

16 在花蕊尾端塗上強力膠。

17 承步驟 16，將花蕊置於布花中心。

18 以鑷子加強固定花蕊。

19 如圖，花蕊固定完成。

20 取髮圈，並在髮圈塗上熱熔膠。(註：將熱熔膠塗於髮圈接合處，使接合處不明顯。)

21 將布花置於塗抹熱熔膠處。

22 承步驟 21，用手加強固定布花。

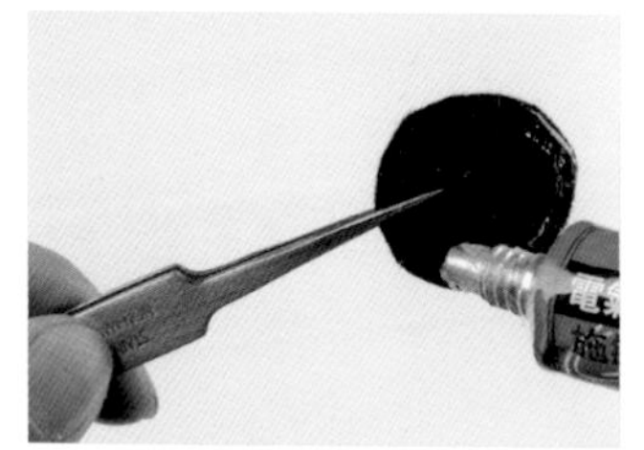

23 先取黑色圓形不織布，再塗上強力膠。

24 承步驟 23，將黑色圓形不織布放置在布花後方。

25 最後，用手加強固定黑色圓形不織布即可。

26 如圖，布花飾品製作完成。

低調紅梅

材料

1. 髮夾 1 個
2. 花蕊 1 束
3. 底座 1 個
4. 硬紙板 1 個
5. 米色棉線 1 綑
6. 紅色布 5 片（3cm）
7. 黑色圓形不織布 1 片

01 預先製作好所須的花瓣。

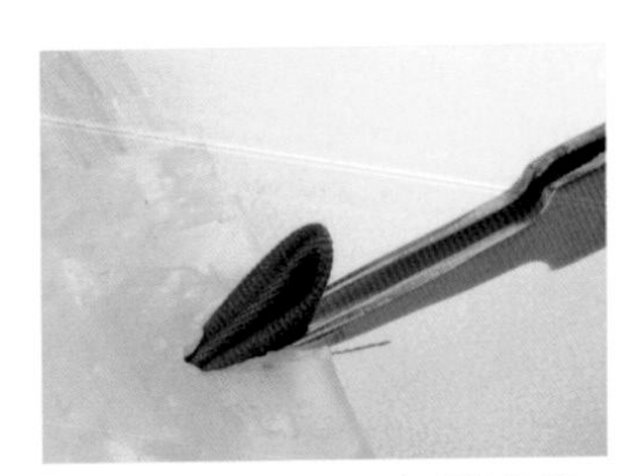

02 以鑷子夾取已定型的花瓣，並再次沾取漿糊。

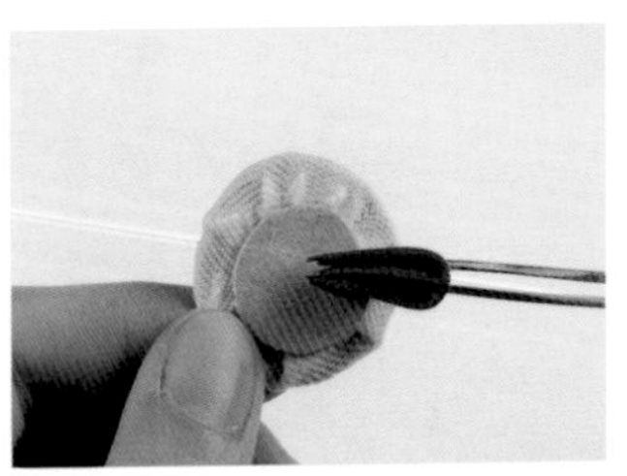

03 以鑷子將花瓣固定於底座上方。

04 以鑷子夾取花瓣前端，使花瓣前端呈現圓形。

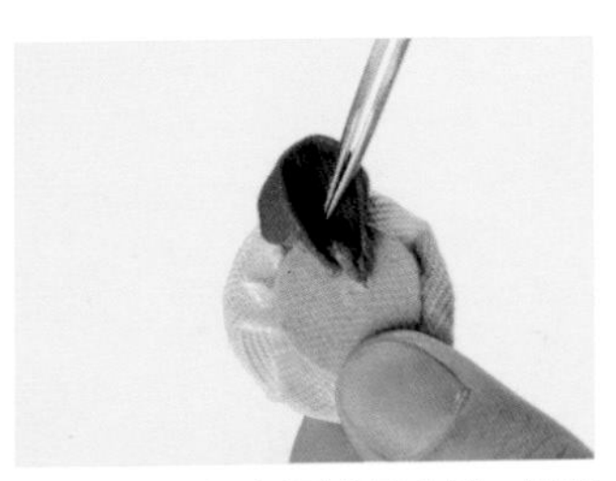

05 以鑷子輕壓花瓣中間，使花瓣呈盛開貌。

06 重複步驟 2-5，依序將花瓣固定於底座上。

07 重複步驟 2-5，依序將花瓣固定於底座上後，再微調花瓣的形狀。

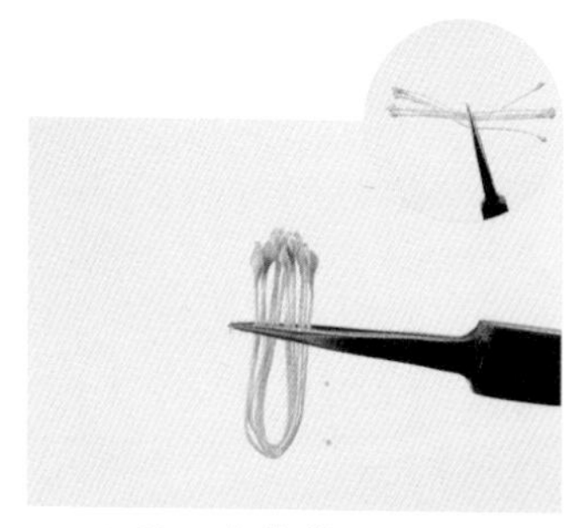

08 取一束花蕊，並將花蕊對折。

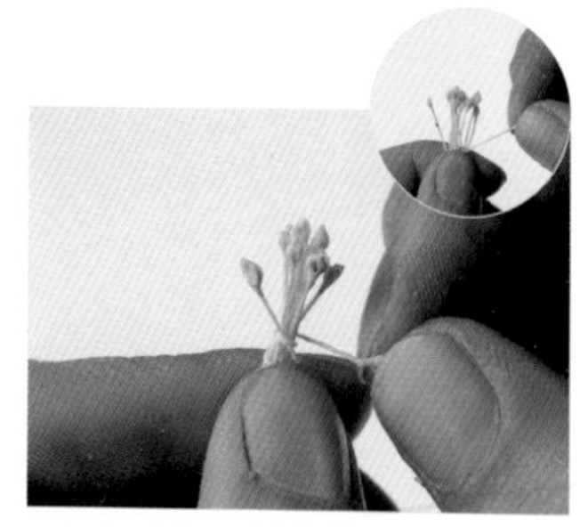

09 任取一根花蕊，纏繞其他花蕊。

10 承步驟 9，將綁束用的花蕊打一個結。

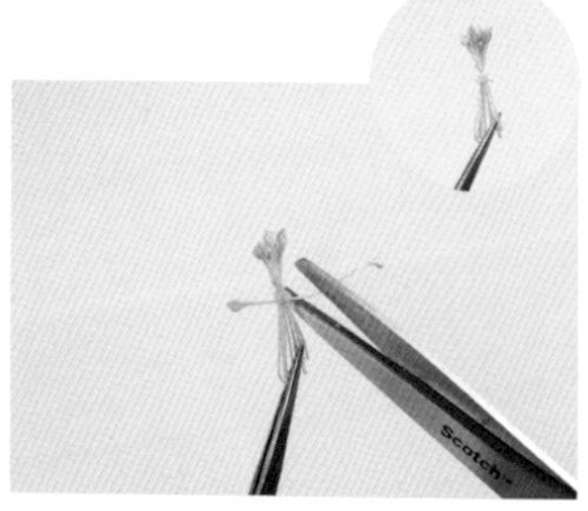

11 以剪刀剪掉多餘的花蕊。

12 以剪刀修剪花蕊根部多餘處。

13 在花蕊根部塗上熱熔膠。

14 以鑷子夾取花蕊，並置於花心。

15 如圖，花蕊固定完成。

16 以鑷子輕壓花蕊，使花蕊呈煙花狀。

17 如圖，布花製作完成。

18 將強力膠塗抹於布花底座。

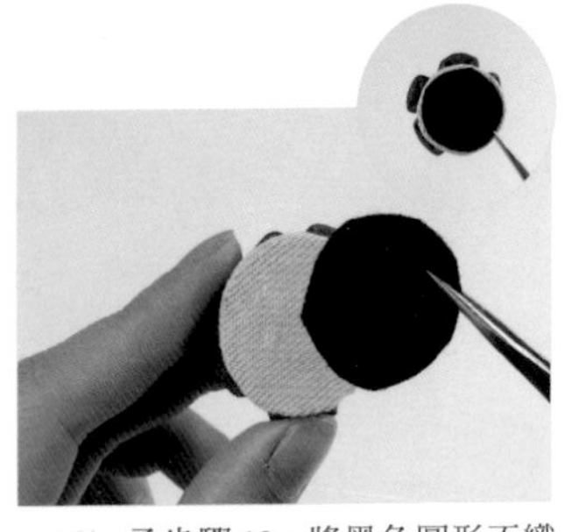

19 承步驟 18，將黑色圓形不織布固定於強力膠上。

20 在硬紙板塗上強力膠。

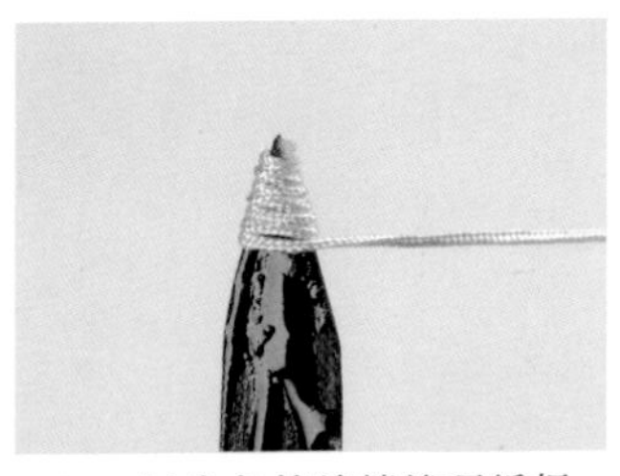

21 以米色棉線纏繞硬紙板。（註：以看不見硬紙板為原則纏繞。）

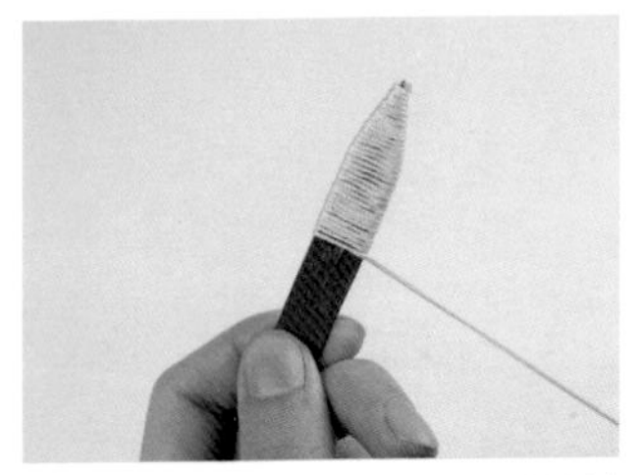

22 承步驟 21，將米色棉線持續纏繞至硬紙板 1/2 處。

23 先取髮夾，並用手壓開髮夾後，將髮夾平塞入米色棉線與硬紙板間。

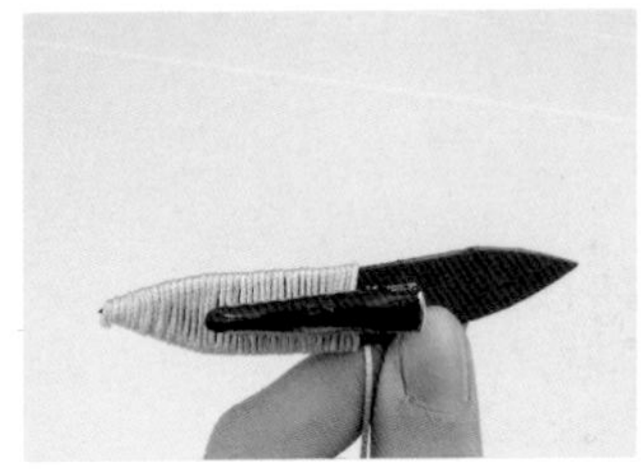

24 如圖，髮夾放置完成。

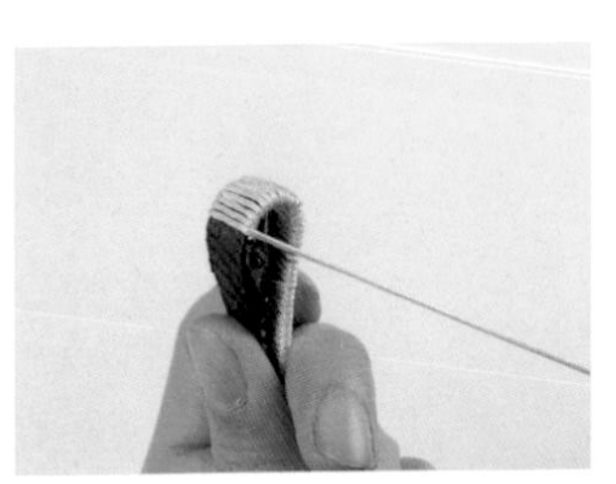

25 承步驟 24，將硬紙板依髮夾形狀對折。

26 重複步驟 21-22，依序以米色棉線纏繞硬紙板及髮夾。

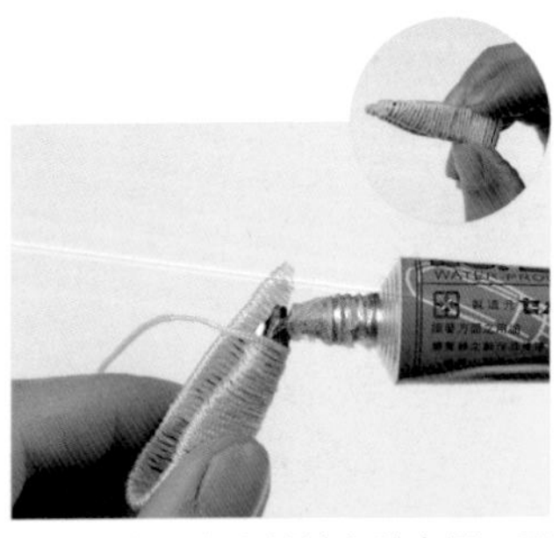

27 在髮夾尖端塗上強力膠，再固定米色棉線。（註：可剪掉多餘的米色棉線。）

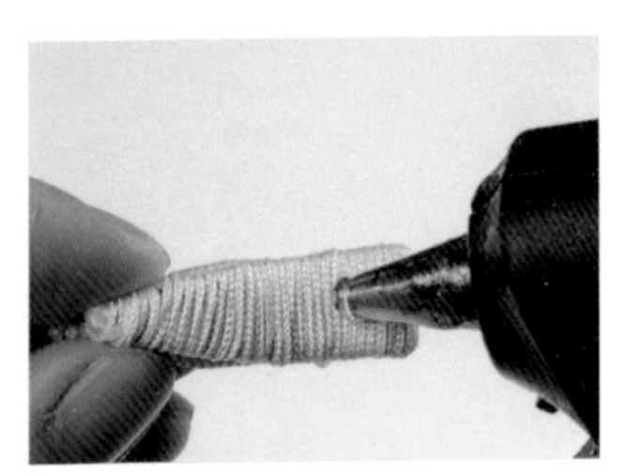

28 在髮夾點上些許熱熔膠。

29 最後，固定布花於熱熔膠上即可。

30 如圖，布花飾品製作完成。

太陽花之戀

材料

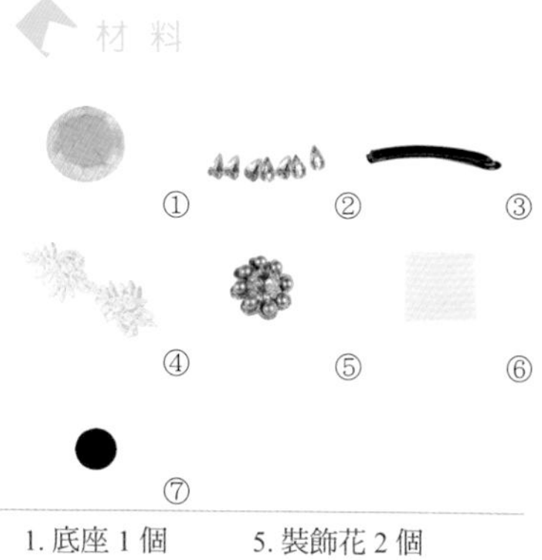

1. 底座 1 個	5. 裝飾花 2 個
2. 水鑽 14 顆	6. 米色布 32 片 (3.6cm)
3. 香蕉夾 1 個	7. 黑色圓形不織布 1 片
4. 蕾絲花布 1 段	

步驟

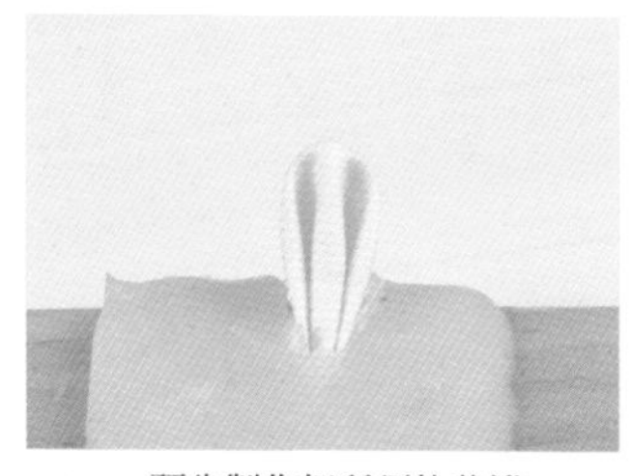

01 預先製作好所須的花瓣。

02 以鑷子夾取已定型的花瓣，並再次沾取漿糊。

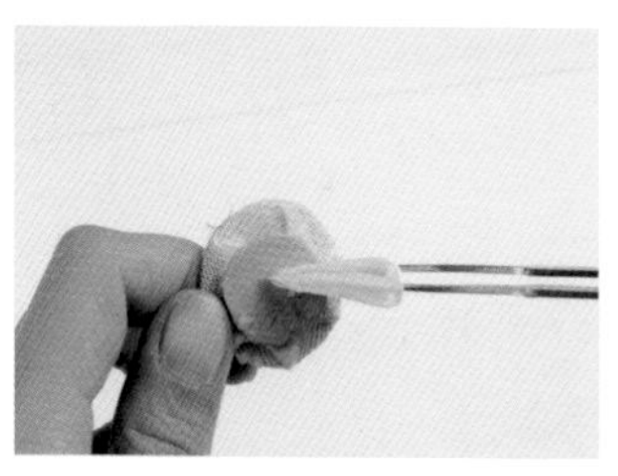

03 以鑷子夾取花瓣，並固定於底座上方。

04 重複步驟 2-3，將花瓣依序固定於底座上。

05 重複步驟 2-3，依序將花瓣擺放底座上，呈花朵狀。

06 如圖，花瓣固定完成。

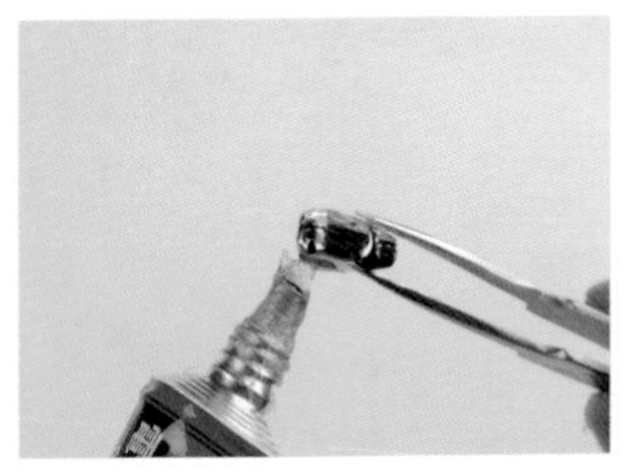

07 以水鑽背面沾取強力膠。

08 承步驟 7，將水鑽固定於布花上。

09 重複步驟 7-8，依序將水鑽擺放完成。（註：可以鑷子調整水鑽位置。）

10 如圖，水鑽裝飾完成。

11 在裝飾花背面沾取強力膠。

12 以鑷子夾取裝飾花，放置於花心。

13 如圖，布花製作完成。（註：可預先準備兩朵布花。）

14 在黑色圓形不織布塗上強力膠。

15 承步驟 14，將黑色圓形不織布固定於布花底座。

16 取出香蕉夾，並在表面塗上一層強力膠。

17 承步驟 16，將蕾絲花布黏貼於香蕉夾上。

18 重複步驟 16-17，將蕾絲花布黏貼於香蕉夾另一側。

19 承步驟 18，在香蕉夾塗上熱熔膠。

20 以鑷子夾取布花。

21 承步驟 20，將布花放置在熱熔膠上方。

22 如圖，布花固定完成。

23 最後，重複步驟 19-21，完成另一側布花的黏貼即可。

24 如圖，布花飾品製作完成。

恬靜紫紅

材料

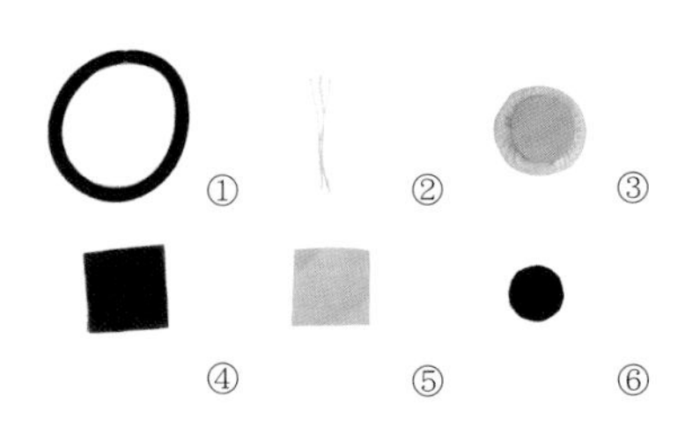

1. 髮圈 1 個
2. 花蕊 1 束
3. 底座 1 個
4. 紫紅布 5 片（3cm）
5. 粉紅布 5 片（3.5cm）
6. 黑色圓形不織布 1 片

步驟

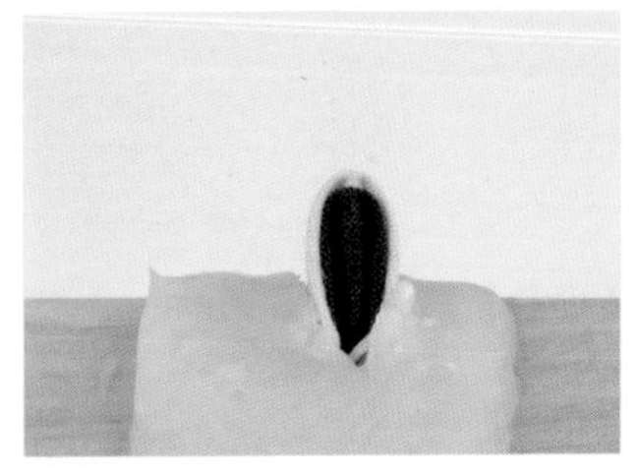

01 預先製作好所須的花瓣。

02 以鑷子夾取已定型的花瓣，並再次沾取漿糊。

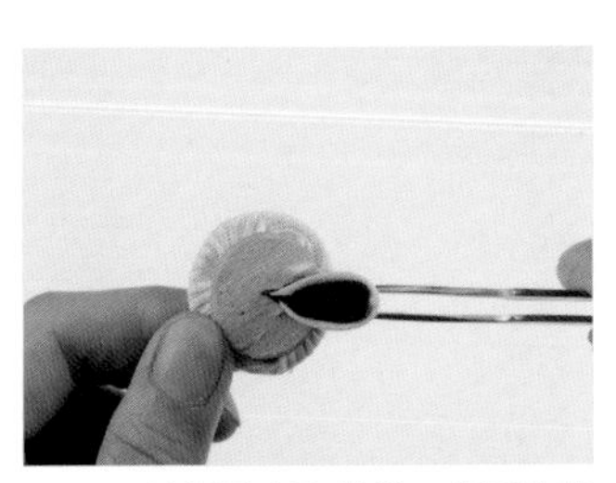

03 以鑷子夾取花瓣，並固定於底座上方。

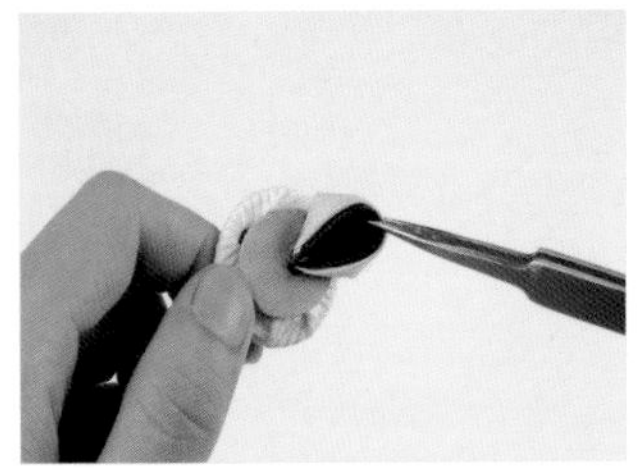

04 以鑷子將花瓣前端向內彎折。

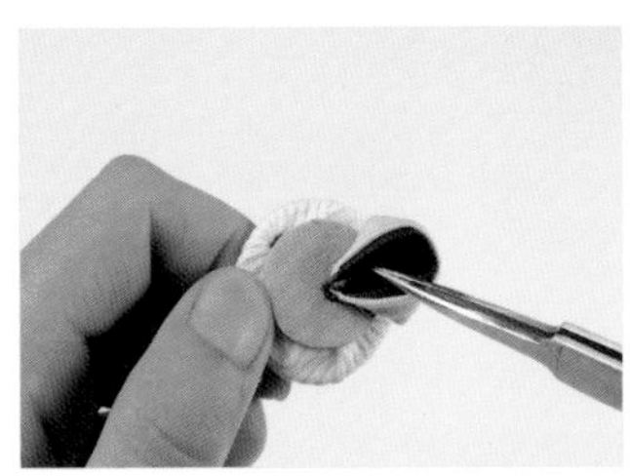

05 承步驟 4，以鑷子輕壓花瓣中間，使花瓣具立體感。

06 重複步驟 2-5，依序將花瓣固定於底座上。

07 重複步驟 2-5，將花瓣擺放完成後，再以鑷子調整花瓣，使花朵更為立體。

08 先將花蕊對折後，再任取一根花蕊。

09 以步驟 8 的花蕊，纏繞其他花蕊，使花蕊固定。

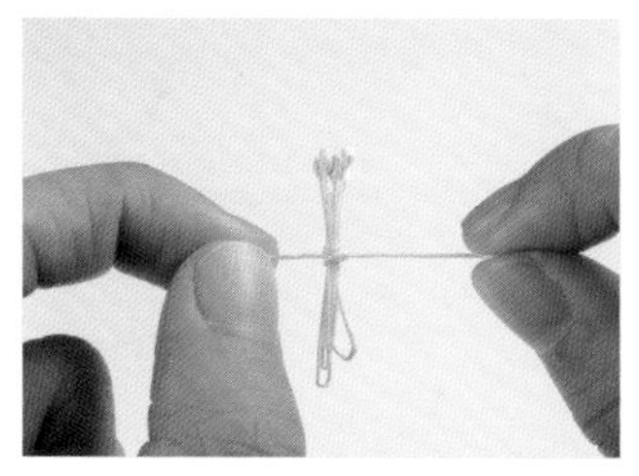

10 承步驟 9，將花蕊打結固定成一束。

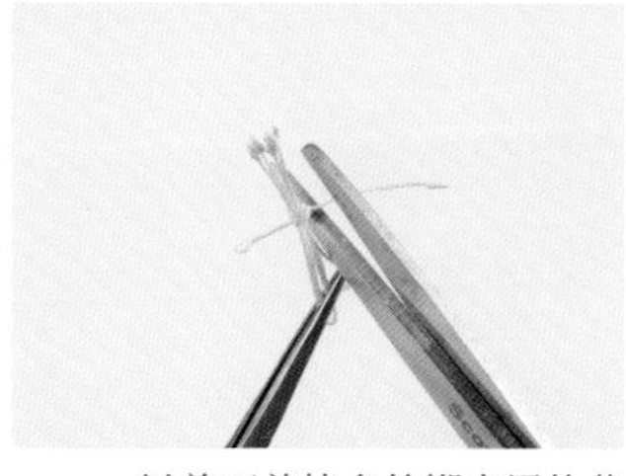

11 以剪刀剪掉多餘綁束用的花蕊。

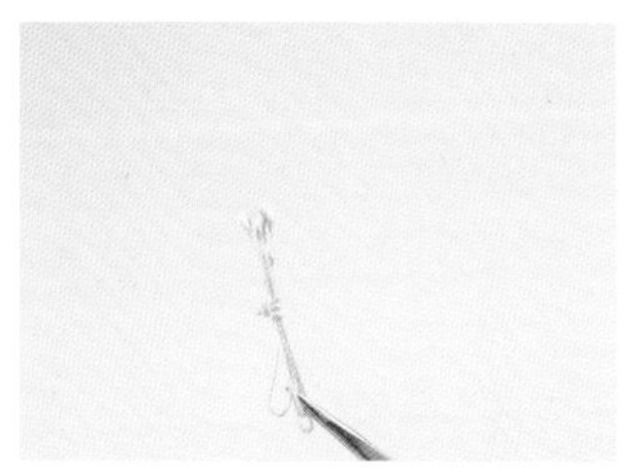

12 如圖，花蕊修剪完成。

13 以剪刀去花蕊根部。

14 如圖，花蕊根部修剪完成。

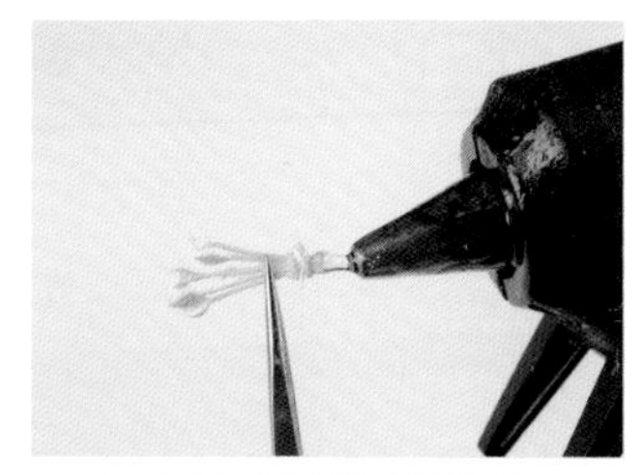

15 在花蕊根部塗上熱熔膠。

16 承步驟 15，將花蕊固定於花心，以鑷子輕壓花蕊，呈煙花狀。

17 如圖，花蕊放置完成。

18 在髮圈塗上熱熔膠。(註：將熱熔膠塗於髮圈接合處，可使接合處不明顯。)

19 承步驟 18，將布花固定於熱熔膠上方。

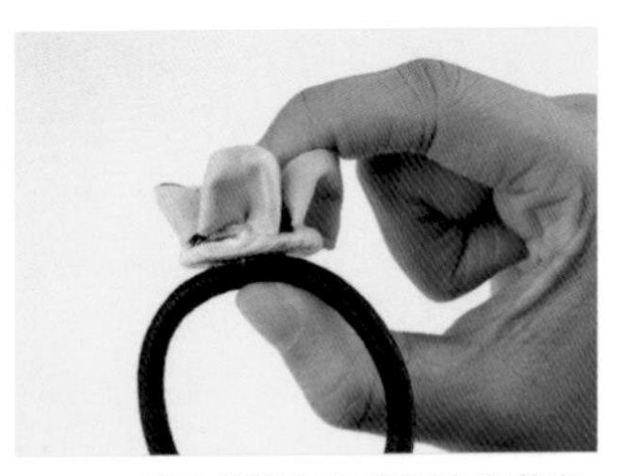

20 用手按壓以加強固定布花和髮圈。

21 在黑色圓形不織布塗上強力膠。

22 承步驟 21，將不織布放置在布花底座。

23 最後，用手加強固定黑色圓形不織布即可。

24 如圖，布花飾品製作完成。

紛飛舞蝶

材料

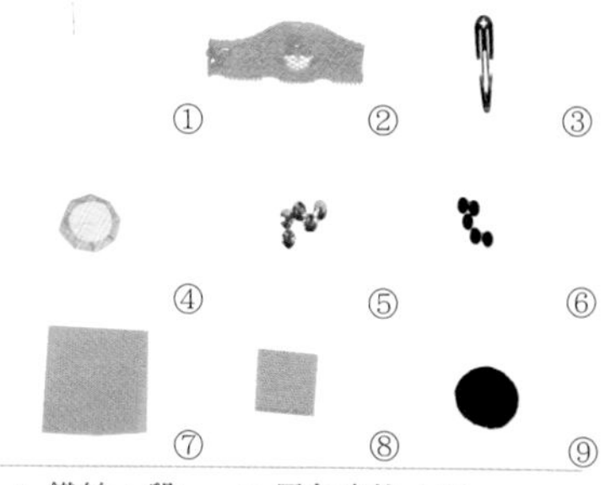

1. 鐵絲 1 段
2. 蕾絲 1 段
3. 髮夾 1 個
4. 底座 1 個
5. 白鑽 4 顆
6. 黑色亮片 4 顆
7. 大粉布 6 片 (2.5cm)
8. 小粉布 2 片 (1.5cm)
9. 黑色圓點不織 布 1 片

步驟

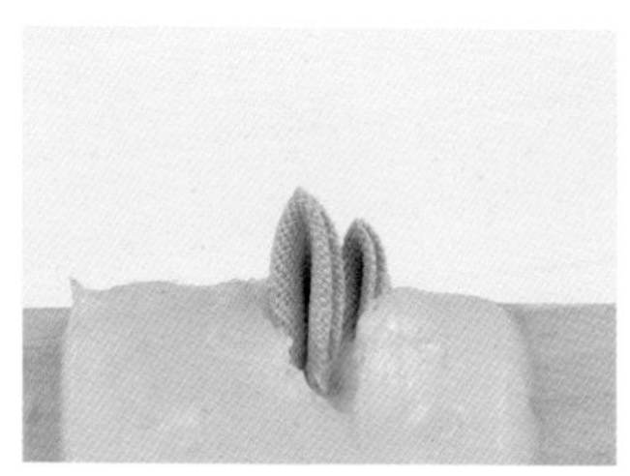

01 預先製作好所須的花瓣。

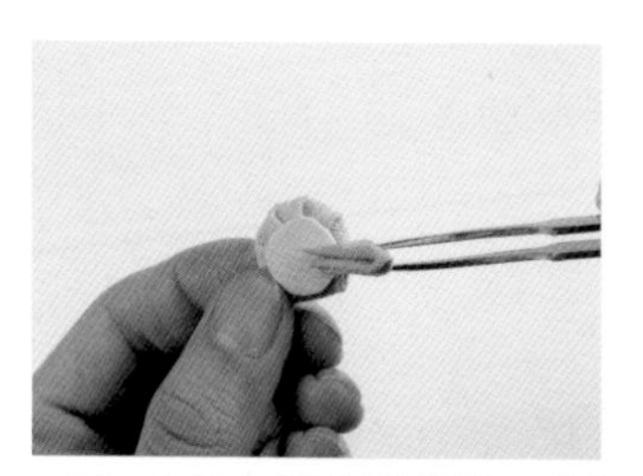

02 先以大花瓣沾取漿糊，再固定於底座上。

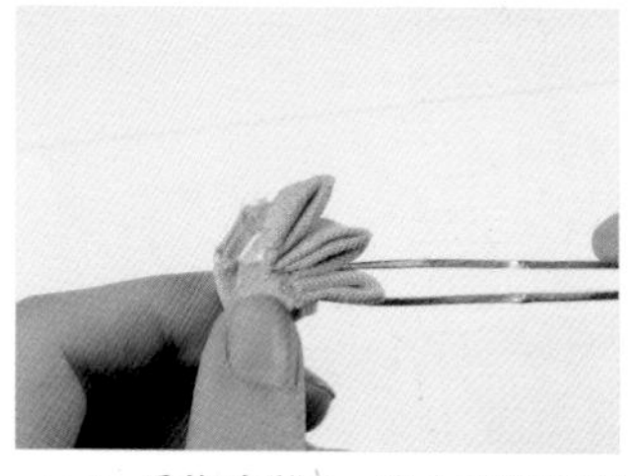

03 重複步驟 2，將大花瓣固定於底座上。

04 重複步驟 2，將大花瓣固定於底座上，呈現蝴蝶翅膀的造型。

05 先以小花瓣沾取漿糊，再固定於蝴蝶翅膀下側。

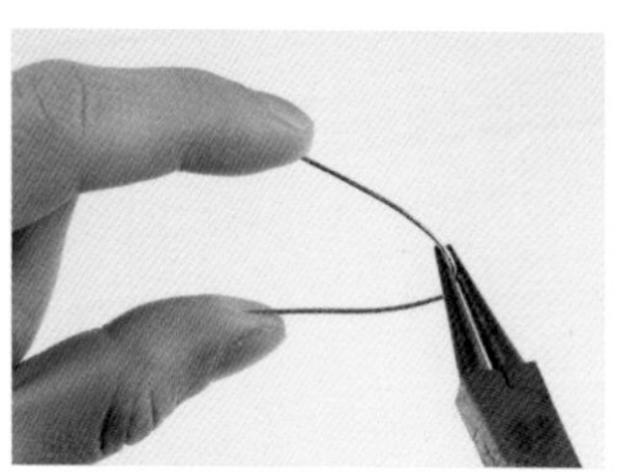

06 以圓嘴鉗將鐵絲彎成 U 形。

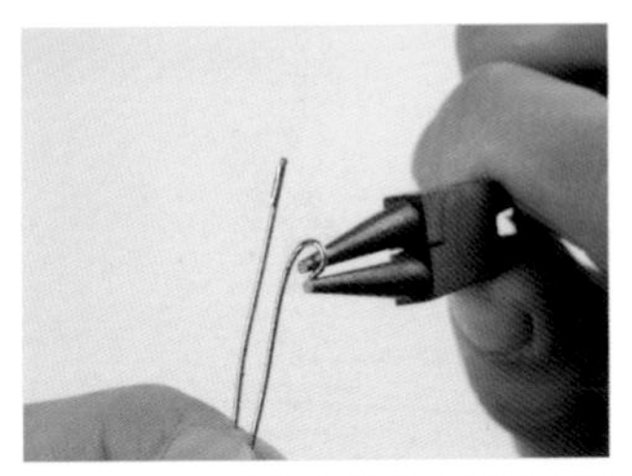

07 以圓嘴鉗將鐵絲尖端彎成圓形。（註：使用圓嘴鉗可使觸角弧度更易彎成圓形。）

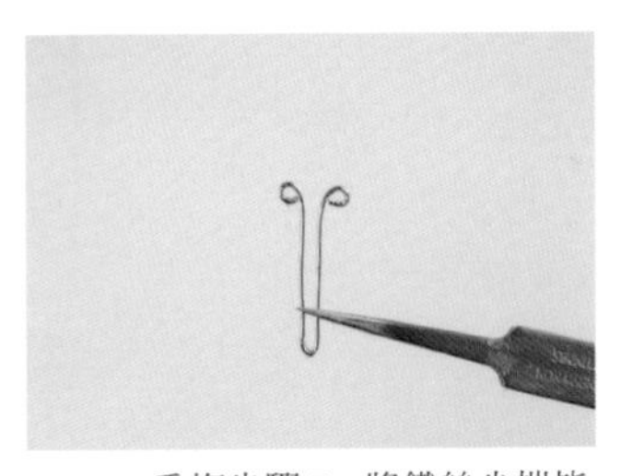

08 重複步驟 7，將鐵絲尖端皆彎成圓形後，形成蝴蝶觸角。

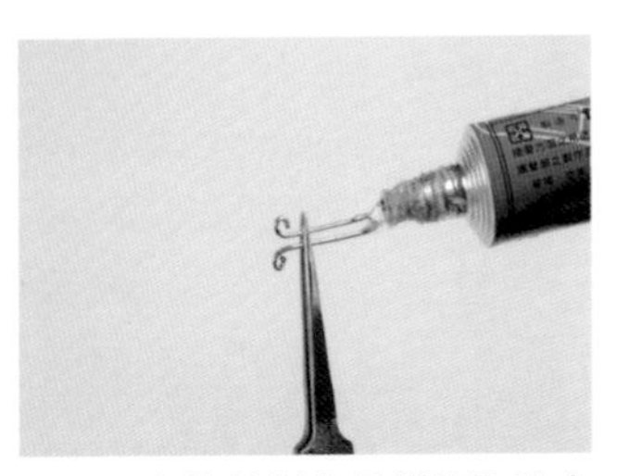

09 在鐵絲觸角尾端沾取強力膠。

10 承步驟 9，將鐵絲觸角固定於蝴蝶布花上。

11 在鐵絲觸角塗上漿糊。

12 以鑷子夾取黑色亮片，擺放在漿糊上方，作為蝴蝶身體。

13 在蝴蝶翅膀塗上漿糊。

14 承步驟 13，以鑷子夾取白鑽，裝飾蝴蝶翅膀，製造出蝴蝶翅膀的紋路。

15 重複步驟 13-14，依序貼上白鑽。（註：可視個人喜好調整白鑽的擺放位置及數量。）

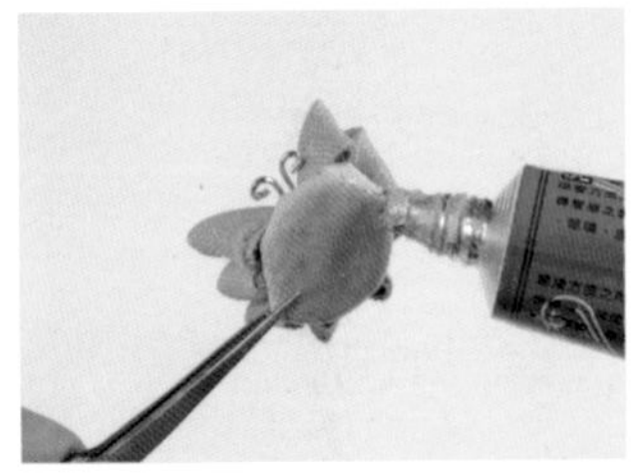

16 在蝴蝶布花底座塗上強力膠。

17 取黑色圓形不織布黏貼於布花底座，蝴蝶布花即完成。

18 如圖，黑色不織布黏貼完成。

19 在髮夾塗上強力膠。

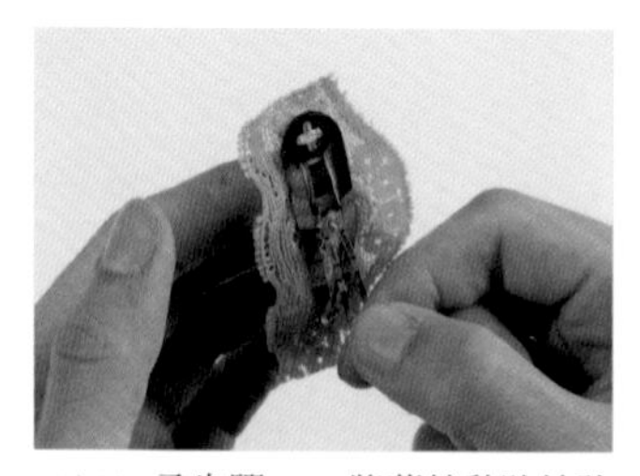

20 承步驟 19，將蕾絲黏貼於強力膠塗抹處。

21 在髮夾另一面塗上強力膠

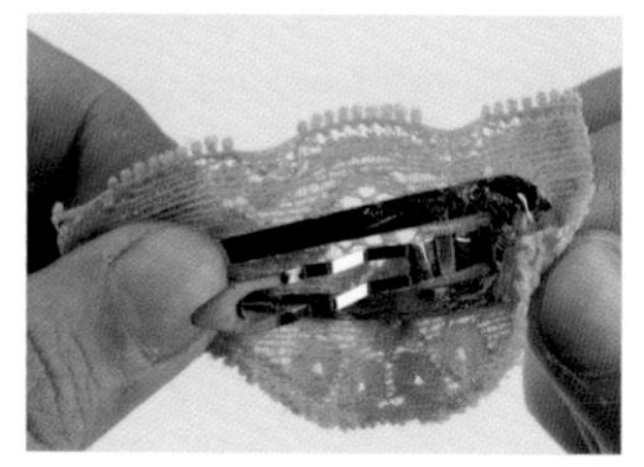

22 承步驟 21，將蕾絲沿著髮夾外型向內收。

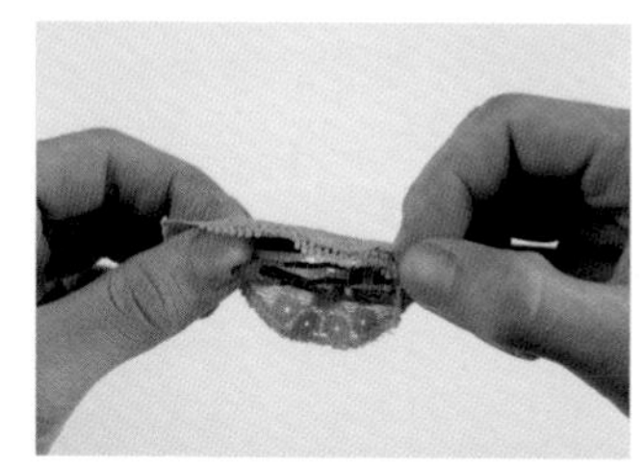

23 重複步驟 22，依序將蕾絲向內收。

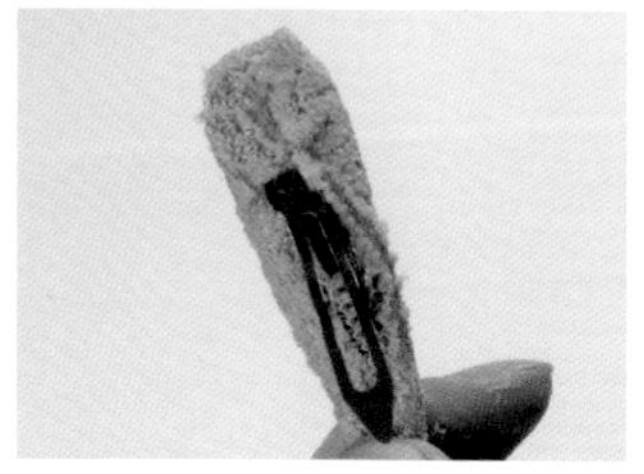

24 如圖，髮夾加工完成。

25 在已加工髮夾塗上熱熔膠。

26 最後，將蝴蝶布花固定於髮夾上即可。

27 如圖，布花飾品製作完成。

清新花漾

材料

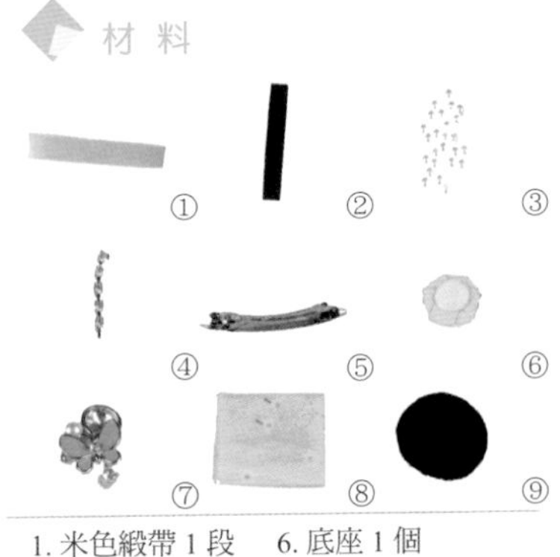

1. 米色緞帶 1 段
2. 硬紙板 1 個
3. 小珍珠少許
4. 水鑽鍊 1 串
5. 法式夾 1 個
6. 底座 1 個
7. 蝴蝶裝飾 1 個
8. 花布 5 片（3.5cm）
9. 黑色圓形不織布 1 片

步驟

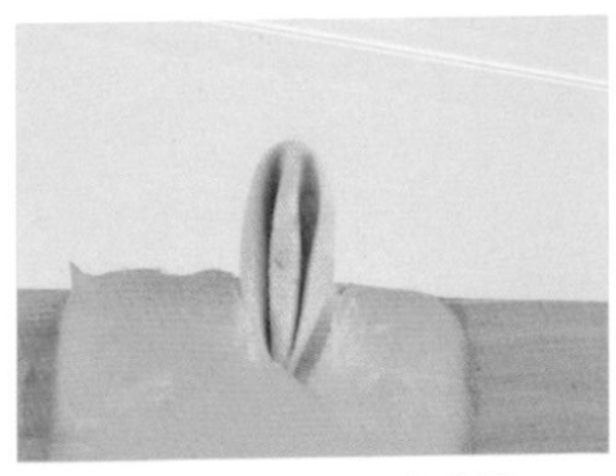

01 預先製作好所須的花瓣。

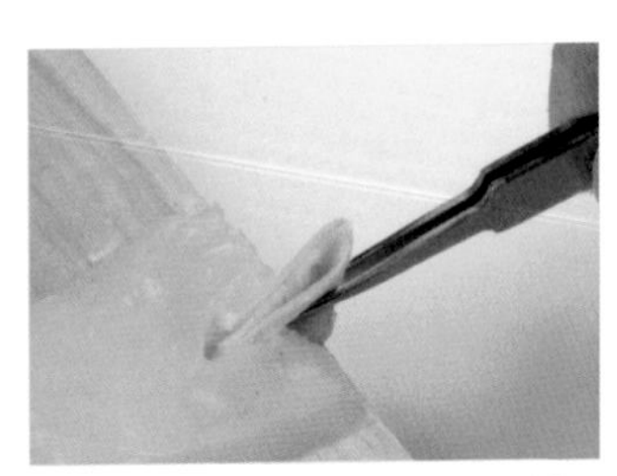

02 以鑷子夾取已定型的花瓣，並再次沾取漿糊。

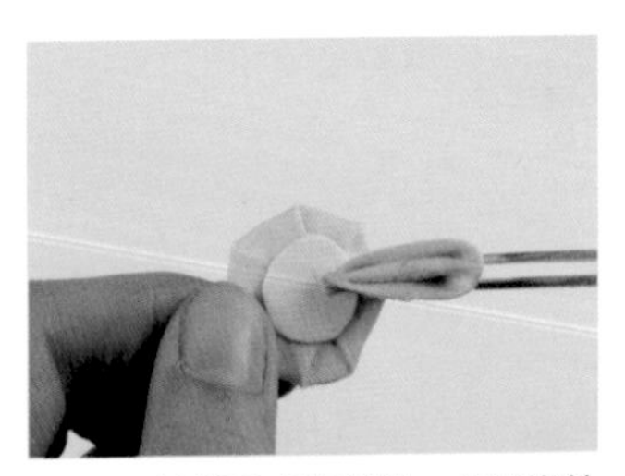

03 以鑷子夾取花瓣，並固定於底座上方。

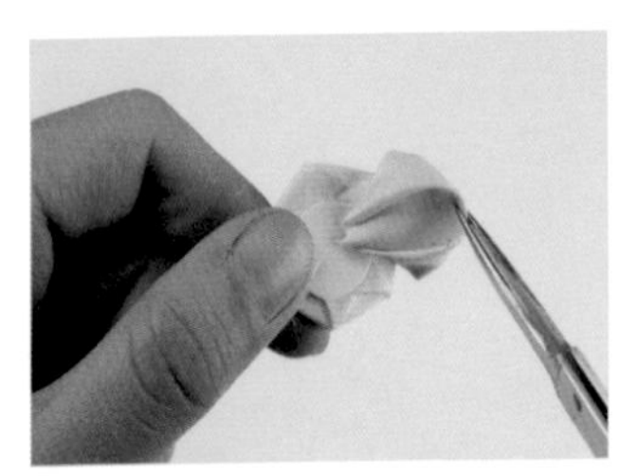

04 以鑷子夾取花瓣前端，使花瓣前端呈現圓形。

05 重複步驟 2-4，依序將花瓣黏貼在底座上。

06 重複步驟 2-4，依序將花瓣黏貼完成後，呈花朵貌。

07 在花心塗上熱熔膠

08 承步驟 7，將蝴蝶飾品固定於花心。

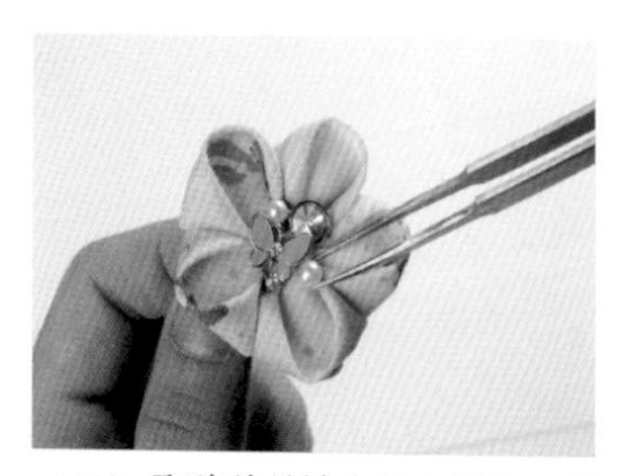

09 取珍珠並塗上強力膠後，黏貼於蝴蝶飾品側邊。

10 在硬紙板塗上強力膠。

11 承步驟 10，將緞帶黏貼於硬紙板上。（註：緞帶須大於硬紙板。）

12 在緞帶塗上強力膠。

13 承步驟 12，以緞帶包覆硬紙板，使硬紙板產生緞面質感。

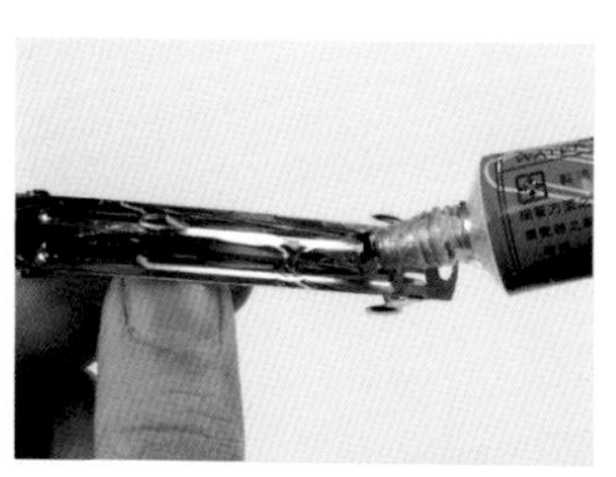

14 在法式夾塗上強力膠。

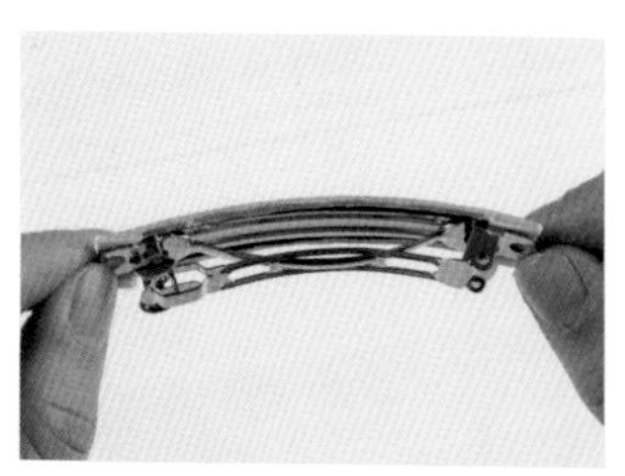

15 承步驟 14，取緞面硬紙板黏貼於法式夾上方，並用手加強固定。

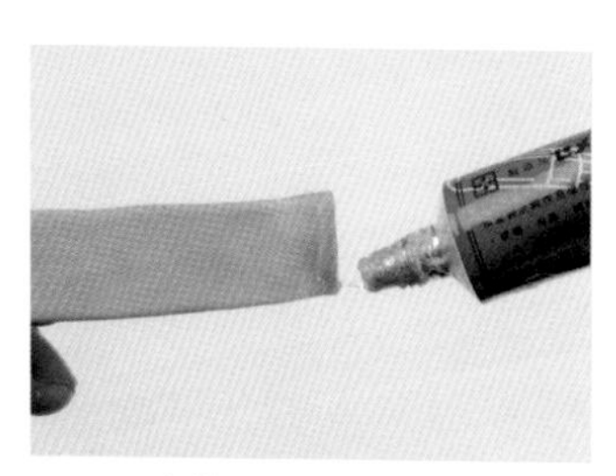

16 在緞面硬紙板右側塗上強力膠。

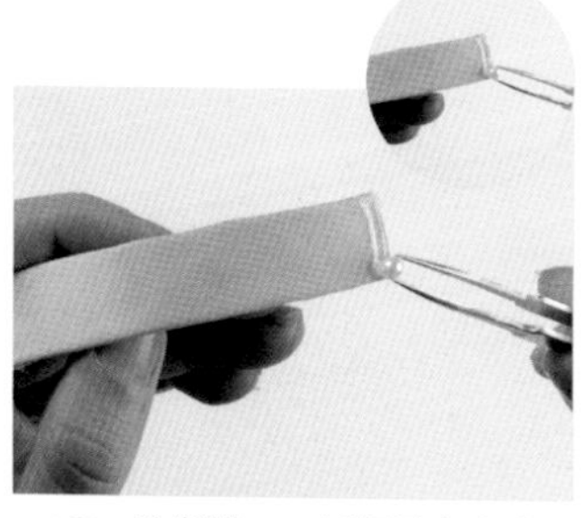

17 承步驟 16，以鑷子夾取珍珠擺放在強力膠上方。

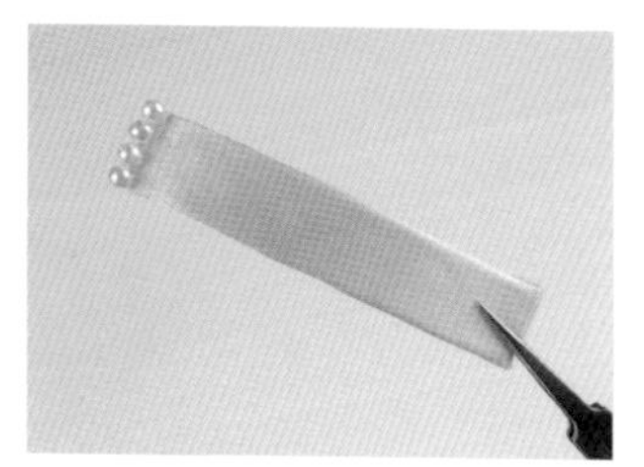

18 如圖，第一排珍珠黏貼完成。

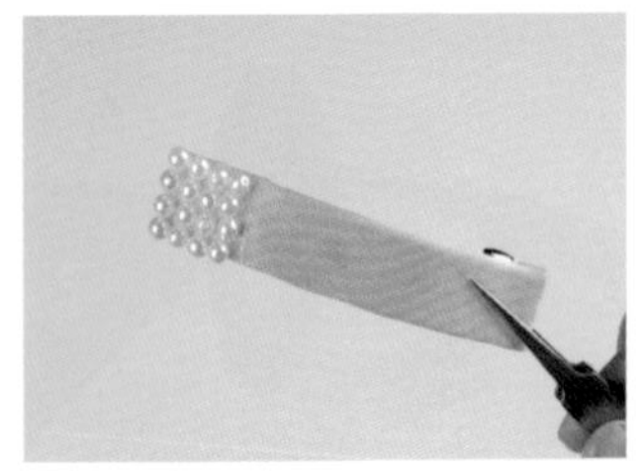

19 重複步驟 16-17，依序黏貼 3 排珍珠。

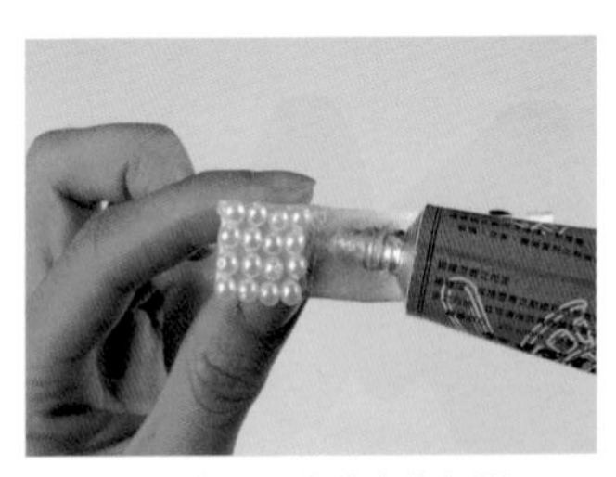

20 在珍珠側邊塗上強力膠。

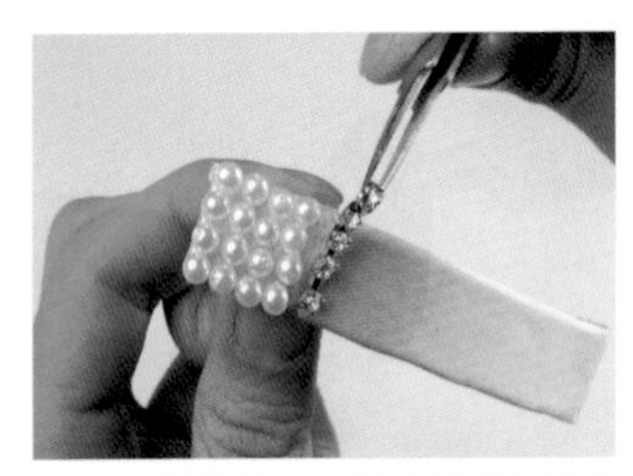

21 承步驟 20，將水鑽鍊擺放於強力膠上方。

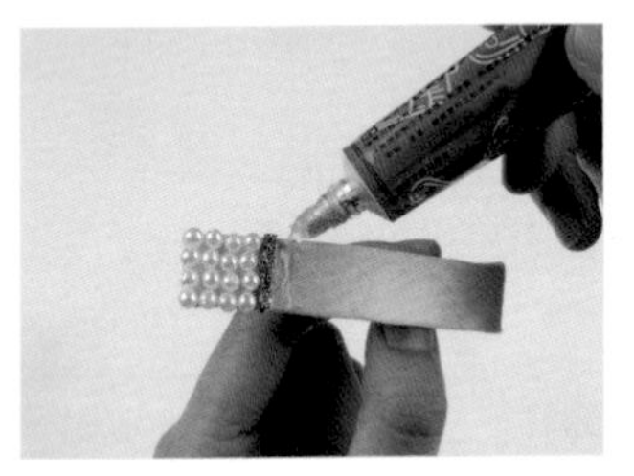

22 在水鑽鍊側邊塗上強力膠。

23 承步驟 22，依序取珍珠擺放於強力膠上方。

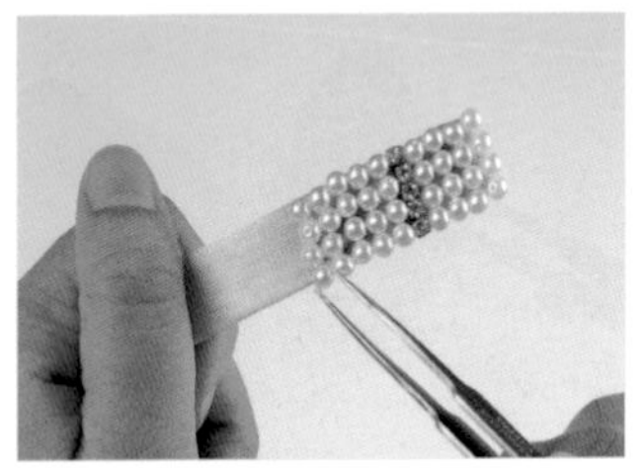

24 重複步驟 22-23，依序黏貼 4 排珍珠。

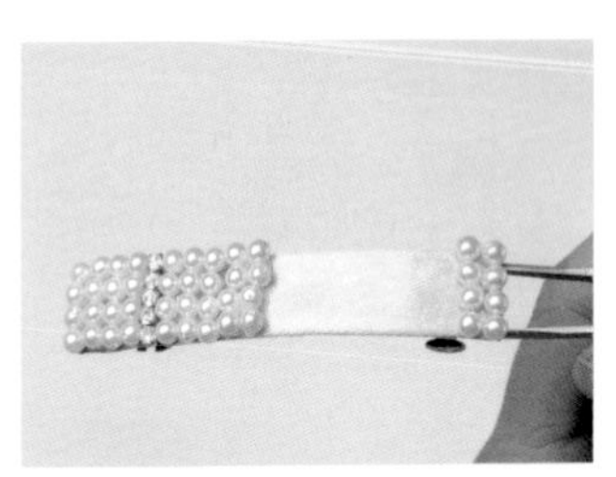

25 先在緞面硬紙板右側塗上強力膠，再擺放 2 排珍珠，即完成珍珠裝飾。（註：須預留擺放布花的位置。）

26 在布花底座塗上強力膠。

27 以鑷子夾取布花擺放於步驟 25 預留的位置。

28 最後，用手加強固定布花即可。

29 如圖，布花飾品製作完成。

浪漫紫苑

材料

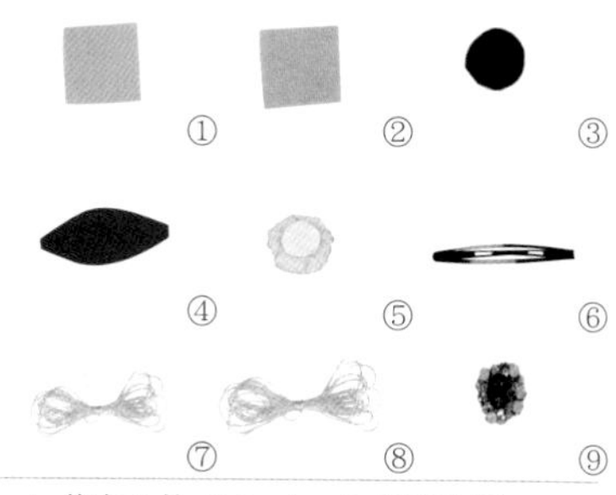

1. 紫布 5 片 (2.5cm)
2. 粉布 5 片 (3cm)
3. 黑色不織布 1 片
4. 硬紙板 1 張
5. 底座 1 個
6. 髮夾 1 個
7. 粉棉線 1 綑
8. 紫棉線 1 綑
9. 鑽飾品 1 個

步驟

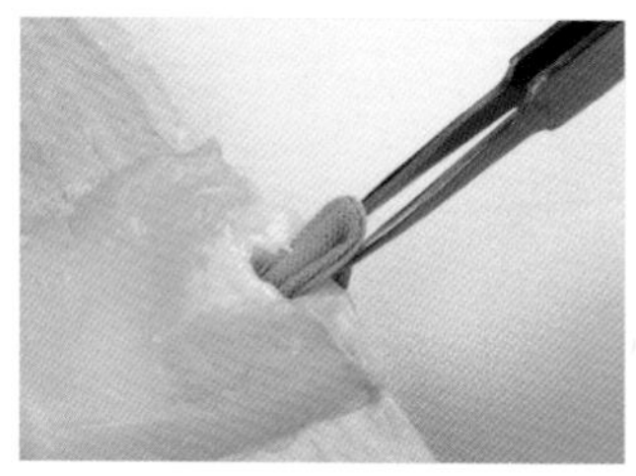

01 預先製作好所須的雙色花瓣。

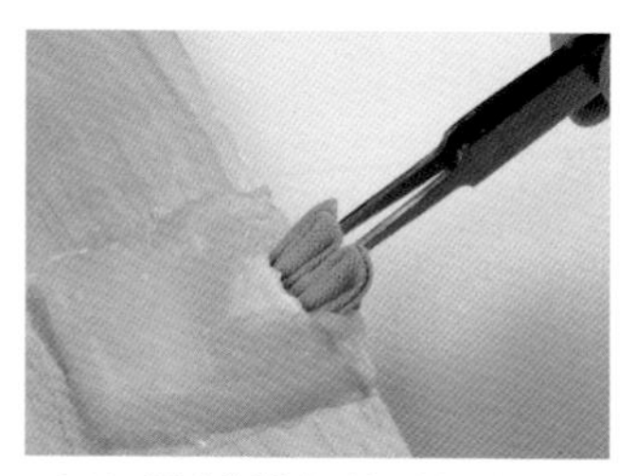

02 預先製作好所須的反摺雙色花瓣。

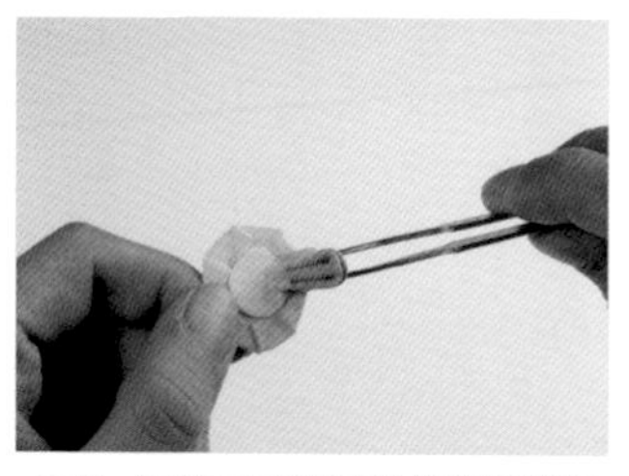

03 以鑷子夾取已沾漿糊的雙色花瓣，並固定於底座上方。

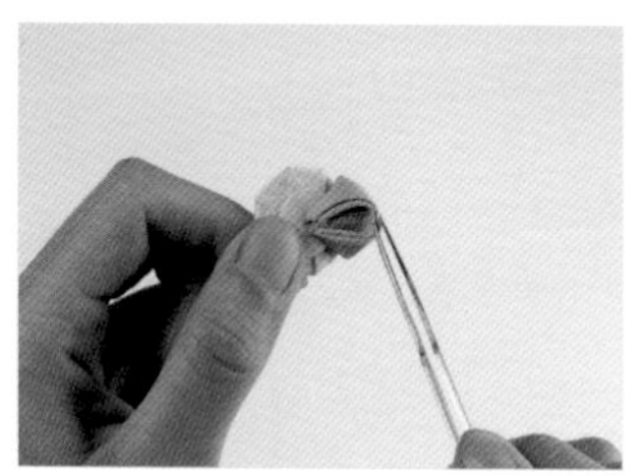

04 以鑷子夾取雙色花瓣前端，使花瓣前端呈現圓形。

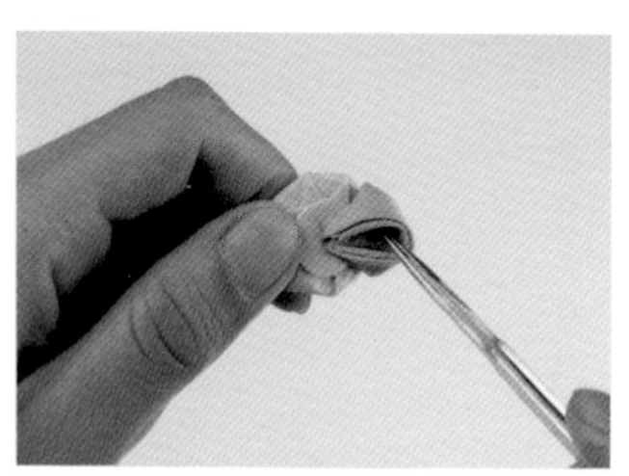

05 以鑷子輕壓雙色花瓣中間，使花瓣呈盛開貌。

06 重複步驟 2-5，依序將雙色花瓣固定於底座上。

07 以鑷子將反摺雙色花瓣固定於底座上方，並夾彎花瓣前端，使花瓣呈現圓形。

08 重複步驟 7，依序將反摺雙色花瓣固定於底座上，呈現花朵貌。

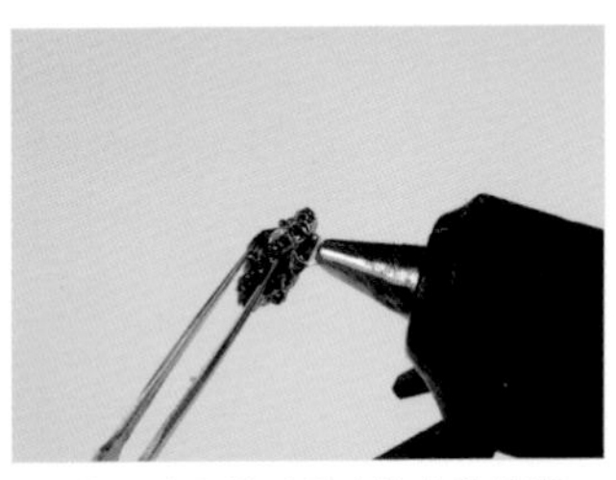

09 在鑽飾品後方塗上熱熔膠。

10 承步驟 9，將鑽飾品擺放至花心。（註：可用手加強固定飾品。）

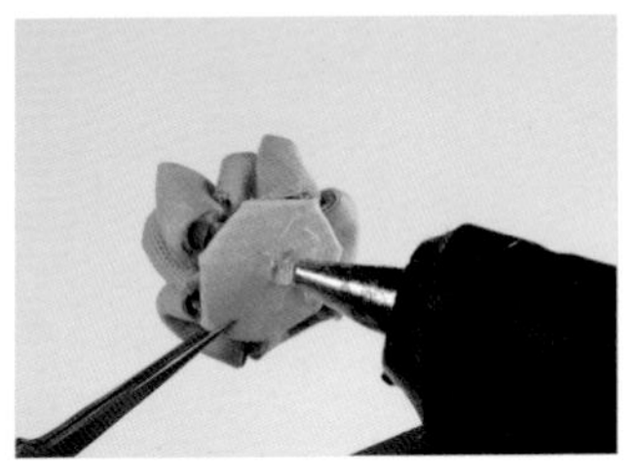

11 在布花底座塗上熱熔膠。

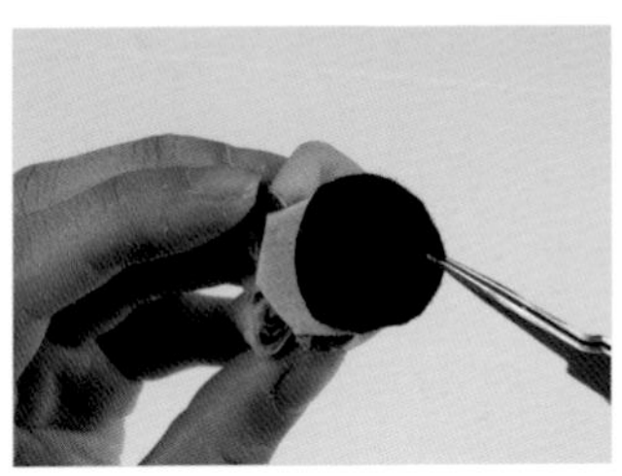

12 取黑色圓形不織布，擺放到熱熔膠上方。

13 承步驟 12，以鑷子加強固定黑色圓形不織布。

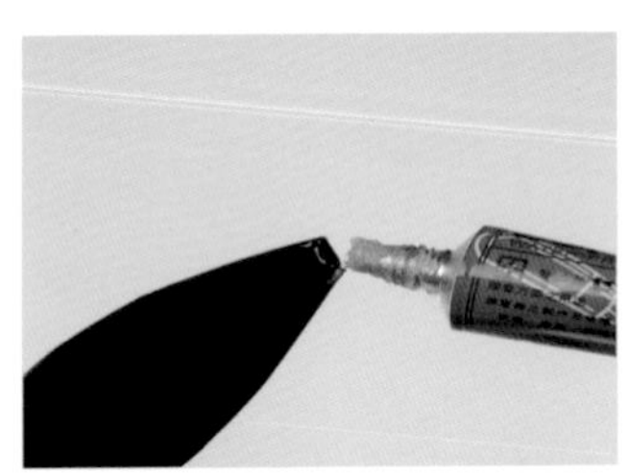

14 先取硬紙板，並在硬紙板側邊塗上強力膠，以便後續固定粉棉線。

15 取粉棉線擺放於強力膠上方。

16 順著硬紙板形狀，纏繞粉棉線。（註：纏繞時須緊密，避免棉線過於鬆散，以纏繞至看不到硬紙板為主。）

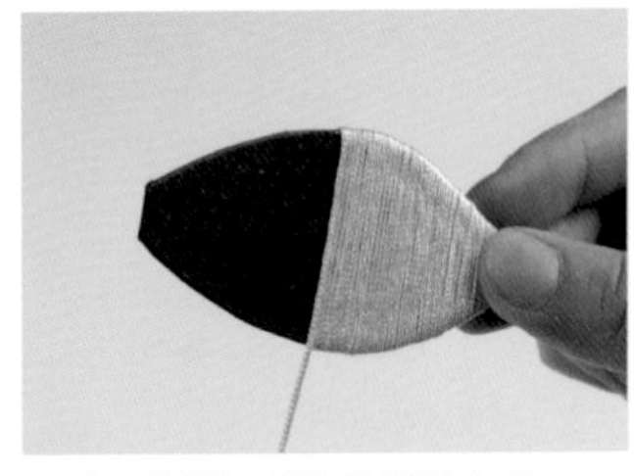

17 如圖，粉棉線纏繞完成。

18 在粉棉線側邊塗上強力膠。

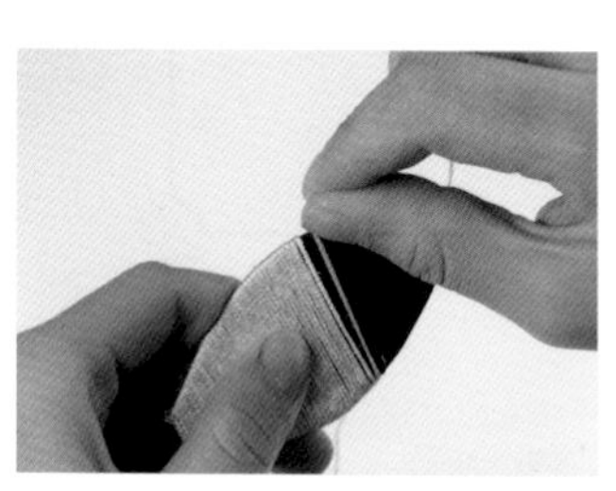

19 承步驟 18，將粉棉線擺放於強力膠上方。

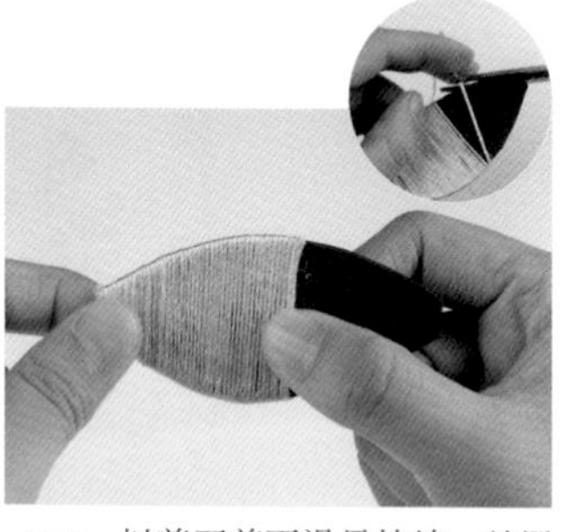

20 以剪刀剪下過長棉線，並用手加強固定棉線於紙板上。

21 取髮夾，並擺放於硬紙板和棉線間。

22 在粉棉線側邊塗上強力膠。

23 取紫棉線擺放於強力膠上方、粉棉線側邊。

24 順著硬紙板形狀，纏繞紫棉線。（註：須預留塗膠空間。）

25 承步驟 24，依序纏繞紫棉線後，再取強力膠塗在預留的硬紙板上。

26 承步驟 25，依序將紫棉線纏繞完成。

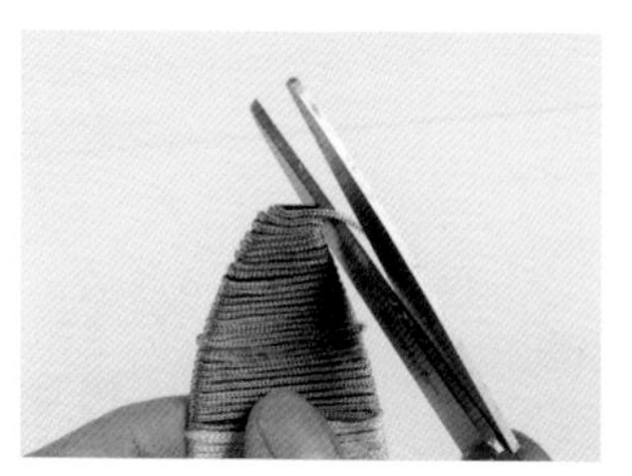

27 以剪刀剪去多餘紫棉線。

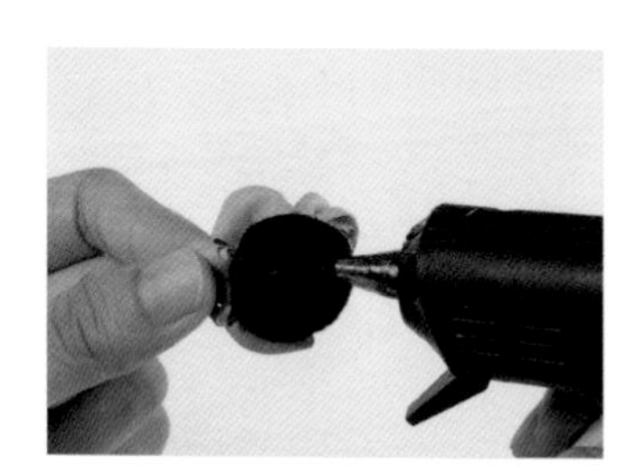

28 在布花底座塗上熱熔膠。

29 最後，將布花固定於髮夾上，並用手加強固定即可。

30 如圖，布花飾品製作完成。

奢華風格

材料

1. 大綠布 7 片 (2.5cm)
2. 小綠布 10 片 (1.5cm)
3. 花布 2 片 (2.5cm)
4. 紅布 14 片 (2.5cm)
5. 底座 1 個
6. 蕾絲 1 段
7. 珍珠 1 顆
8. 花座 1 個
9. 胸針 1 個

步驟

01 預先製作好所須的花瓣。

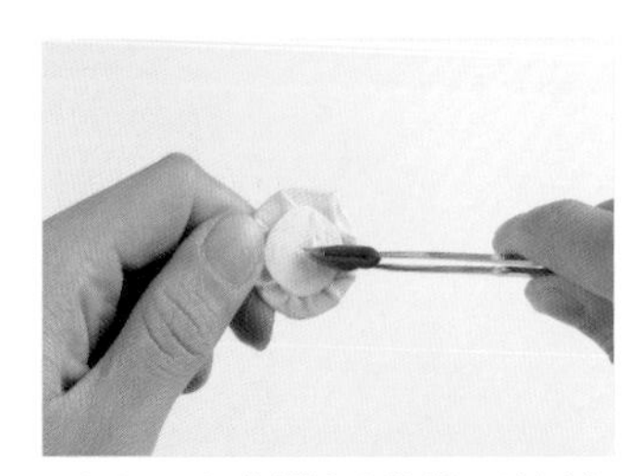

02 以紅花瓣沾取漿糊，並固定於底座上。

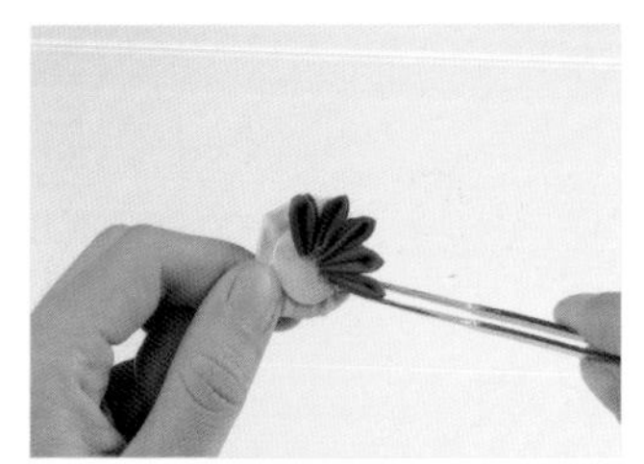

03 重複步驟 2，再取四片紅花瓣置於底座上。

04 重複步驟 2，依序將紅花瓣置於底座上呈花朵貌，即完成第一層紅色布花。

05 以鑷子夾取已沾漿糊的花布花瓣，擺放在兩片紅花瓣中間。

06 重複步驟 5，再取一紅色花瓣擺放在花瓣中間。

07 重複步驟 5，先取雙色花瓣，再擺放在花瓣中間。

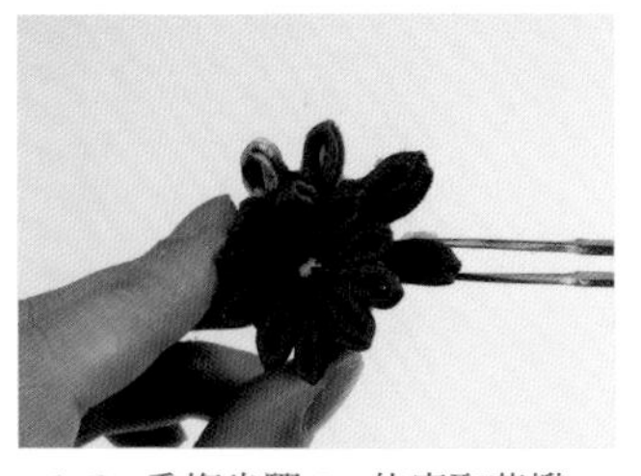

08 重複步驟 5，依序取花瓣，擺放在紅色布花外圍。

09 承步驟 8，依序擺放花瓣，即完成第二層布花製作。

10 在蕾絲花塗上熱熔膠。

11 以鑷子夾取布花，並固定於蕾絲花上。

12 承步驟 11，以鑷子加強固定布花和蕾絲花。

13 如圖，布花固定完成。

14 以鑷子夾取已沾漿糊的綠葉。

15 承步驟 14，擺放於第二層布花花瓣的間隙。

16 重複步驟 14-15，依序取綠葉穿插於花瓣的間隙。

17 如圖，綠葉裝飾完成。

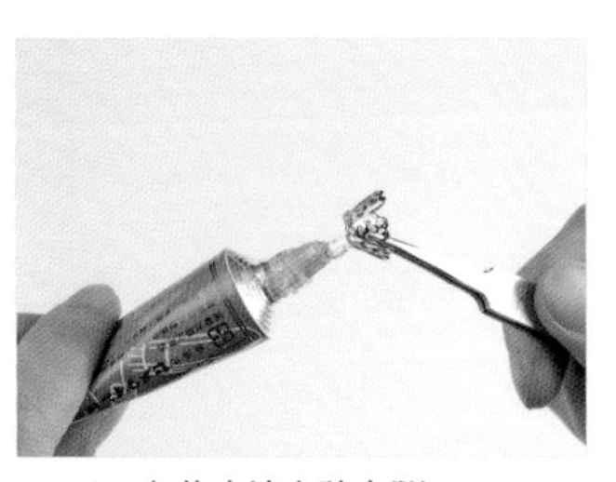

18 在花座塗上強力膠。

19 承步驟18，將花座固定於花心。

20 以鑷子夾取已沾取強力膠的珍珠，固定於花座上。

21 如圖，珍珠固定完成。

22 在胸針夾的圓形鐵盤塗上強力膠。

23 以鑷子夾取布花，固定於胸針夾的圓形底盤 。

24 最後，用手加強固定布花即可。

25 如圖，布花飾品製作完成。

雅緻情調

材料

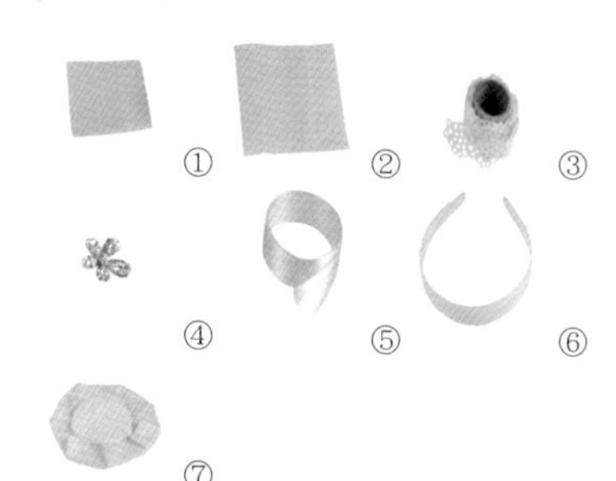

1. 小米色布4片（4cm）
2. 大米色布2片（4.5cm）
3. 蕾絲緞帶1綑
4. 花形鑽1個
5. 緞帶1綑
6. 髮箍1個
7. 底座1個

步驟

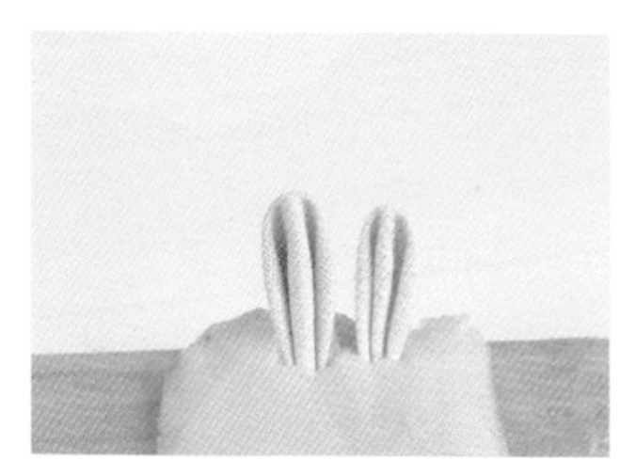

01 預先製作好所須的花瓣。

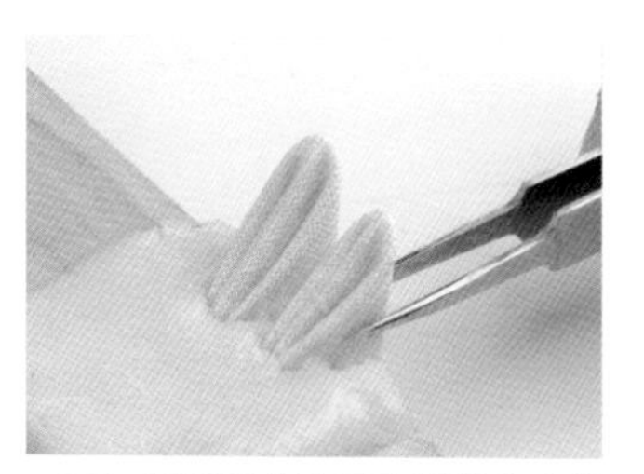

02 以鑷子夾取已沾漿糊的小花瓣，置於底座上方。

03 承步驟2，以鑷子將花瓣前端向內彎折。

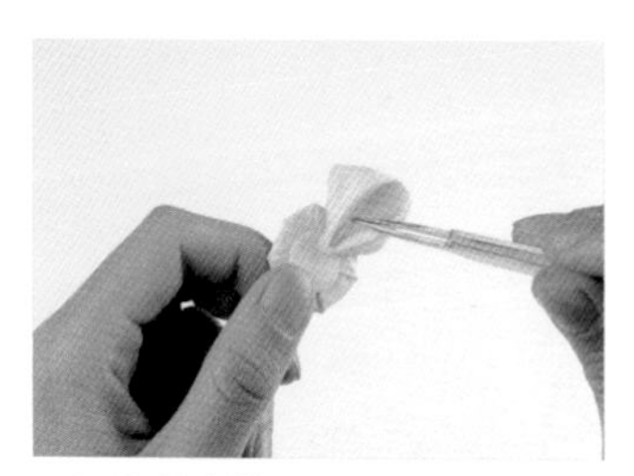

04 承步驟3，以鑷子輕壓花瓣，增加花瓣立體感。

05 重複步驟2-4，取一片小花瓣固定於底座上方。

06 重複步驟2-4，依序取兩片大花瓣擺放至底座上，形成花朵貌。

07 取已沾漿糊的未開花瓣，固定於底座上。

08 重複步驟 7，取一片未開花瓣置至底座上。

09 在花心塗上熱熔膠。

10 承步驟 9，以鑷子夾取花形鑽置於花心。

11 以鑷子加強固定花形鑽。

12 在髮箍塗上強力膠，並將緞帶纏繞在強力膠上。

13 承步驟 12，將緞帶以螺旋狀的方式，纏繞在髮箍上。

14 重複步驟 13，依序將緞帶向下纏繞。

15 以剪刀剪下緞帶。（註：須預留一小段緞帶，以便待會向內固定。）

16 在髮箍一端塗上強力膠，並以鑷子夾取緞帶，固定於強力膠上。

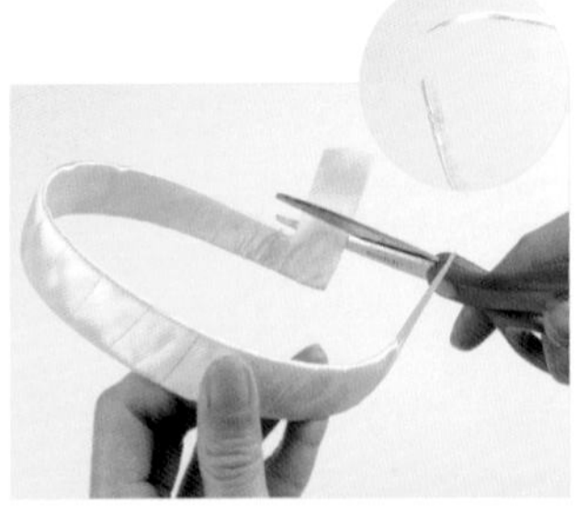

17 以剪刀剪去多餘緞帶。（註：須預留一小段緞帶。）

18 承步驟 17，將強力膠塗於緞帶末端。

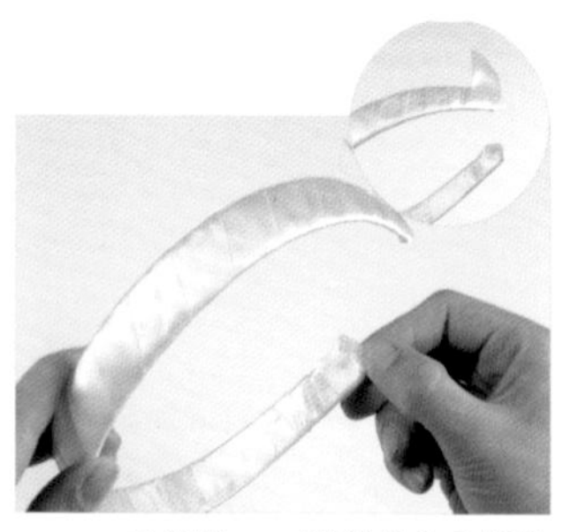

19 承步驟 18，將緞帶往內摺做收邊。

20 重複步驟 16-19，將髮箍另一側緞帶向內收。

21 在緞面髮箍塗上強力膠，將蕾絲緞帶放置於髮箍上。

22 承步驟 21，以蕾絲緞帶裝飾緞面髮箍上。

23 在緞面髮箍尾端塗上強力膠。

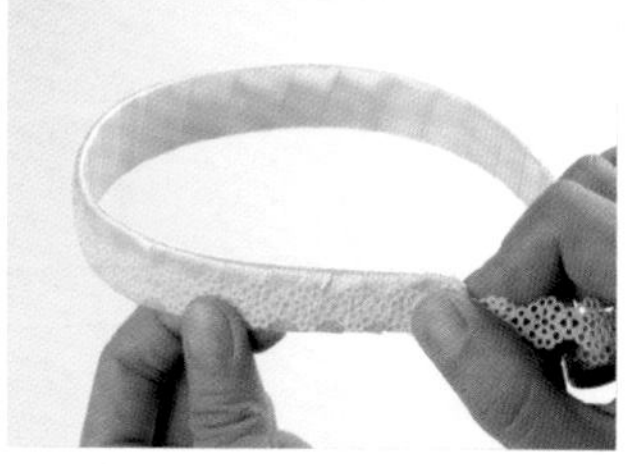

24 承步驟 23，用手加強固定蕾絲緞帶。

25 以剪刀剪下蕾絲緞帶。

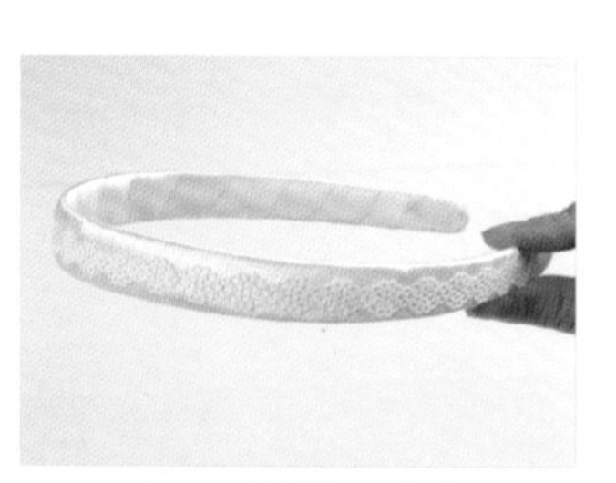

26 如圖，髮箍加工完成。

27 在髮箍塗上熱熔膠。

28 承步驟 27，以鑷子夾取布花置於髮箍。

29 最後，以鑷子輕壓布花加強固定即可。

30 如圖，布花髮箍製作完成。

黑色迷夢

材料

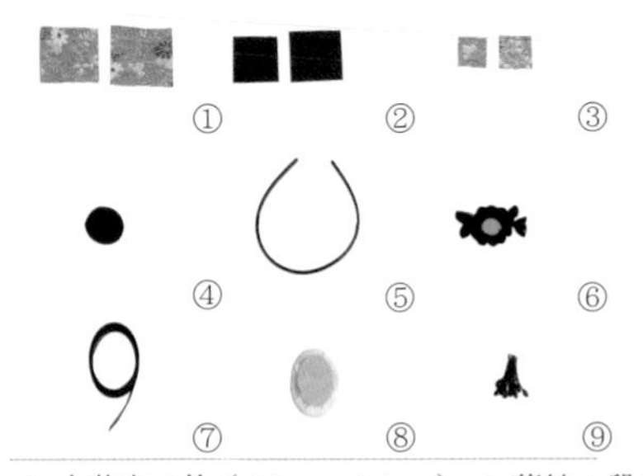

1. 大花布 5 片（4.3cm、4.5cm）	6. 蕾絲 1 段
2. 紫紅布 5 片 (3.8cm、4cm)	7. 緞帶 1 綑
3. 小花布 5 片 (2.3cm、2.5cm)	8. 底座 1 個
4. 黑色圓形不織布 1 片	9. 花蕊 1 束
5. 髮箍 1 個	

步驟

01 預先製作好所須的雙層花瓣。

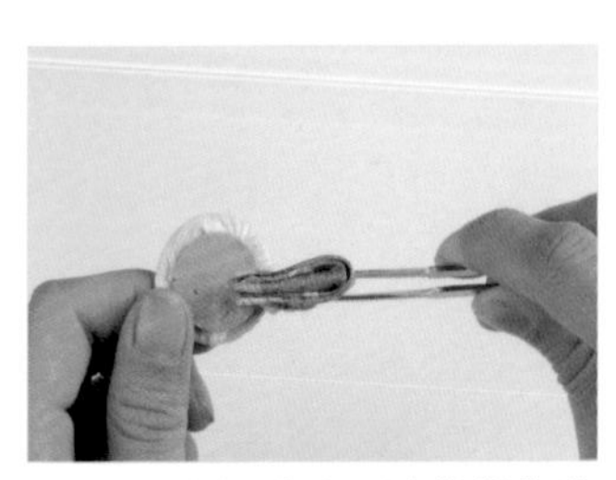

02 以鑷子夾取已沾漿糊的花瓣，固定於底座上方。

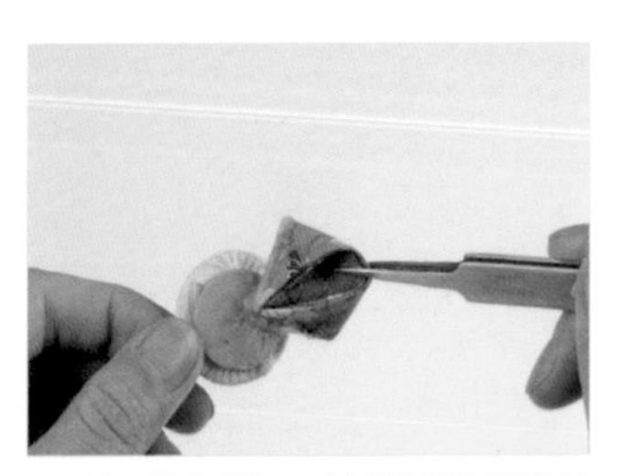

03 承步驟 2，以鑷子將花瓣前端向內彎折。

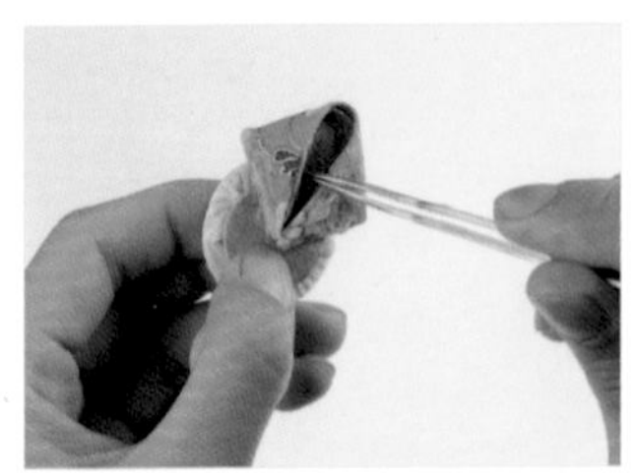

04 承步驟 3，以鑷子輕壓花瓣，增加花瓣立體感。

05 重複步驟 2-4，取兩片花瓣放置於底座。

06 重複步驟 2-4，依序將花瓣放置於底座，呈現花朵貌。

07 以鑷子夾取已沾漿糊的紫紅花瓣，置於布花上方。

08 重複步驟 7，依序將紫紅花瓣放置於布花上，並以鑷子調整花瓣。

09 以鑷子夾取已沾漿糊的小花瓣，置於紫紅布花上。

10 重複步驟 9，依序將小花瓣置於紫紅布花上，呈三層布花的設計。

11 在花蕊尾端沾取熱熔膠，並以鑷子夾取固定於花心。

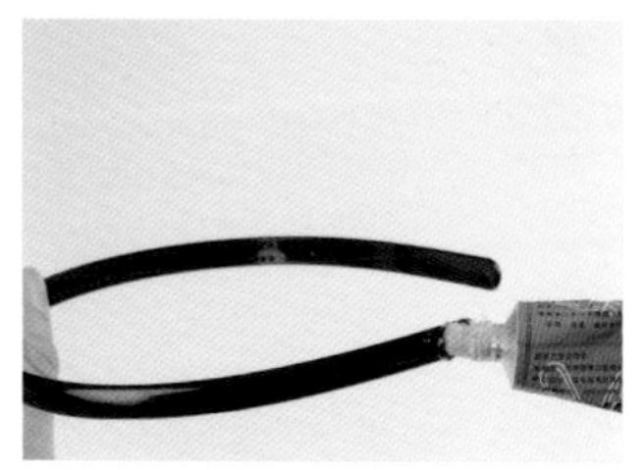

12 在髮箍塗上強力膠。

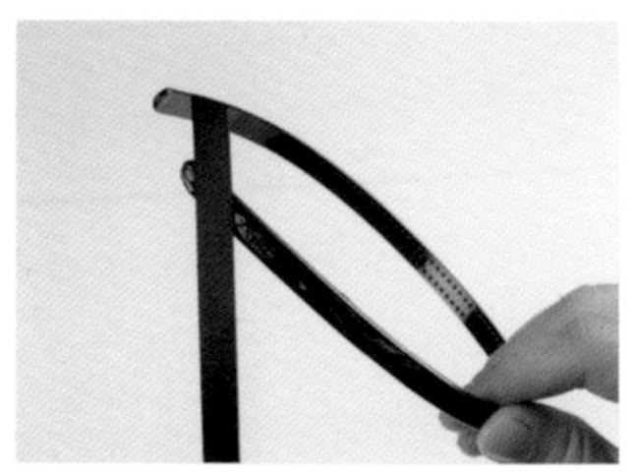

13 承步驟 12，將緞帶固定於髮箍一邊。

14 承步驟 13，將緞帶以螺旋狀的方式纏繞在髮箍上。（註：須預留一小段緞帶。）

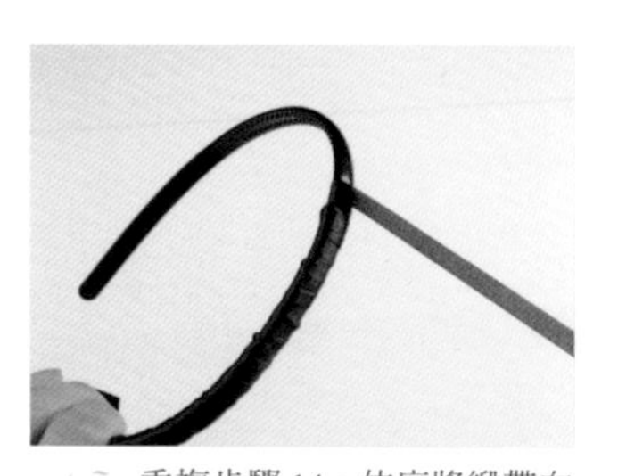

15 重複步驟 14，依序將緞帶向下纏繞。

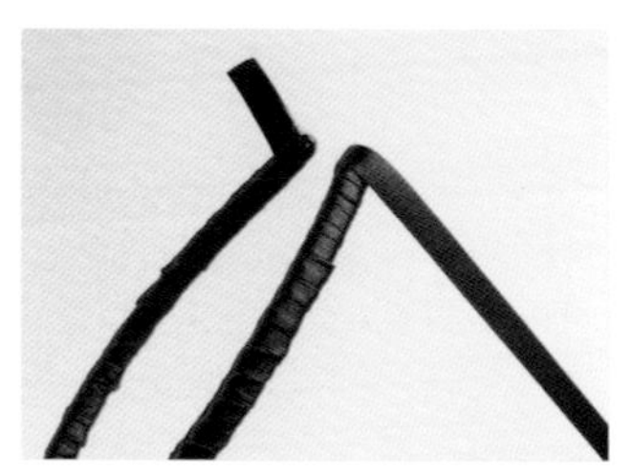

16 重複步驟 14，依序將緞帶向下纏繞完成。

17 在髮箍尾端塗上強力膠。

18 承步驟 17，將緞帶向下纏繞，使緞帶不鬆脫。

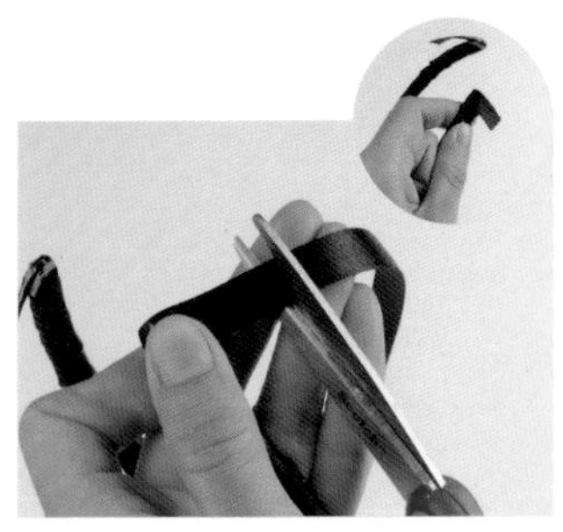

19 以剪刀剪下過長緞帶。

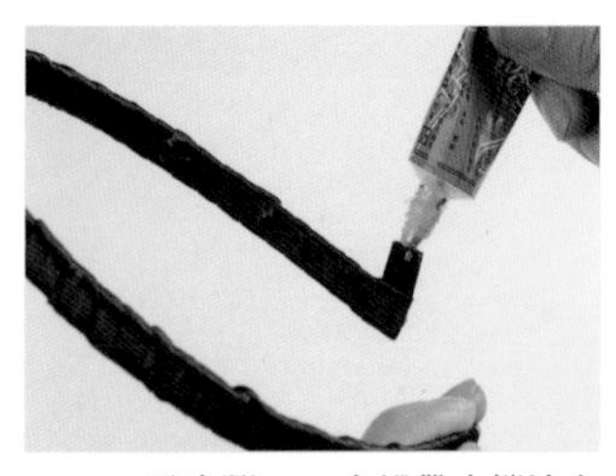

20 承步驟 19，在緞帶末端塗上強力膠。

21 承步驟 20，將緞帶末端向內收，並以鑷子加強固定緞帶。

22 重複步驟 17-21，將另一側緞帶向內收。

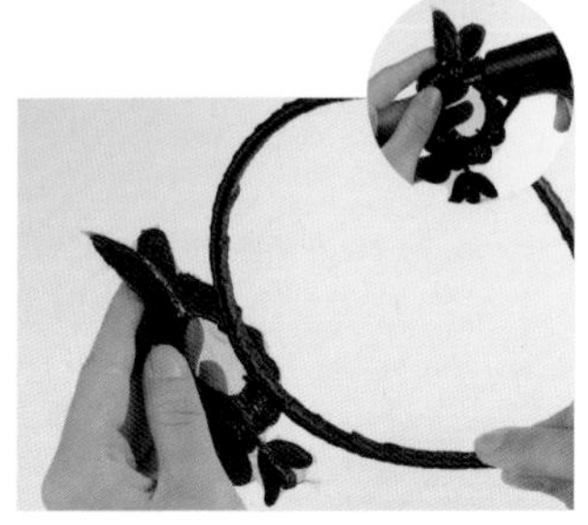

23 取已塗上熱熔膠的蕾絲花，固定於髮箍上。

24 承步驟 23，用手加強固定蕾絲花。

25 在布花底座塗上熱熔膠，並將布花置於髮箍上。

26 承步驟 25，用手加強固定布花。

27 在黑色圓形不織布塗上熱熔膠。

28 承步驟 27，將黑色圓形不織布黏貼於布花上。

29 最後，用手加強固定黑色圓形不織布即可。

30 如圖，布花飾品製作完成。

水鑽韶華

材料

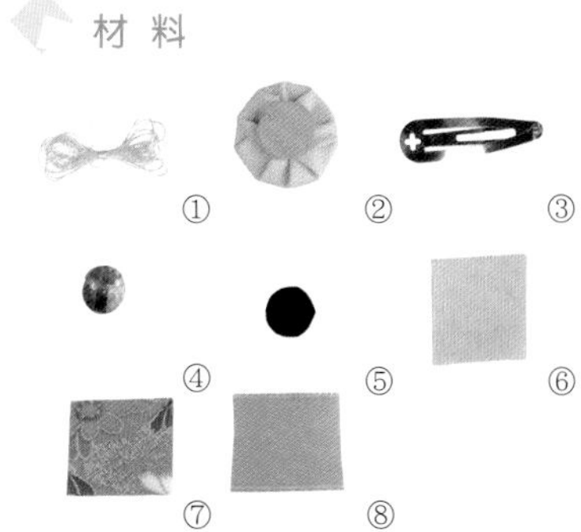

1. 棉線 1 捆
2. 底座 1 個
3. 髮夾 1 個
4. 水鑽 1 顆
5. 黑色圓形不織布 1 片
6. 淺粉布 13 片（2cm）
7. 花布 1 片（2cm）
8. 緞帶 1 段

步驟

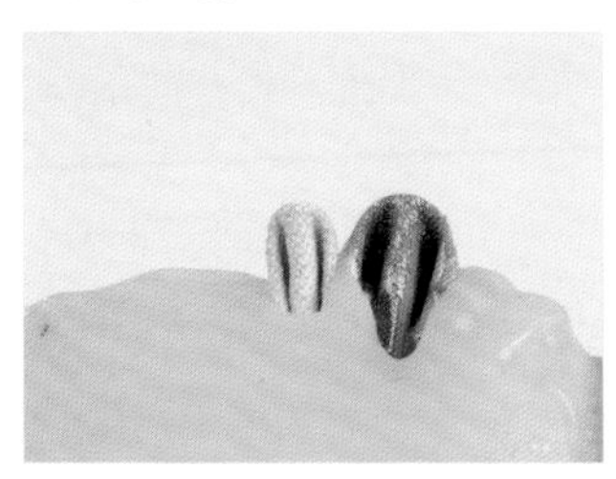

01 預先製作好所須的花瓣。

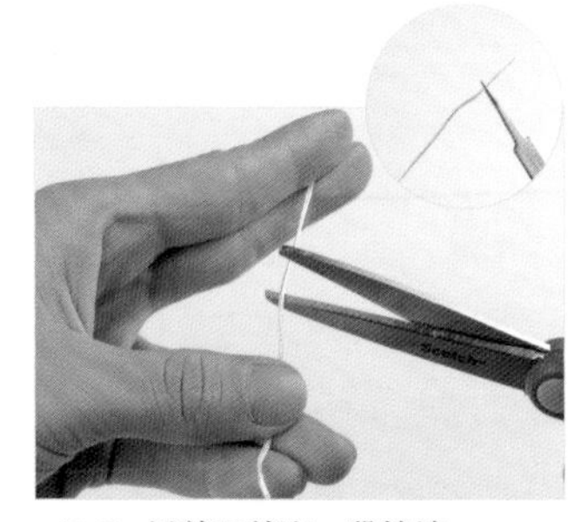

02 以剪刀剪取一段棉線。

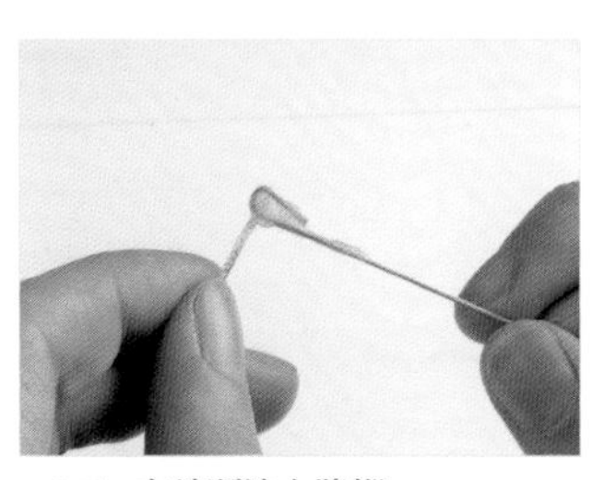

03 在線頭塗上漿糊。

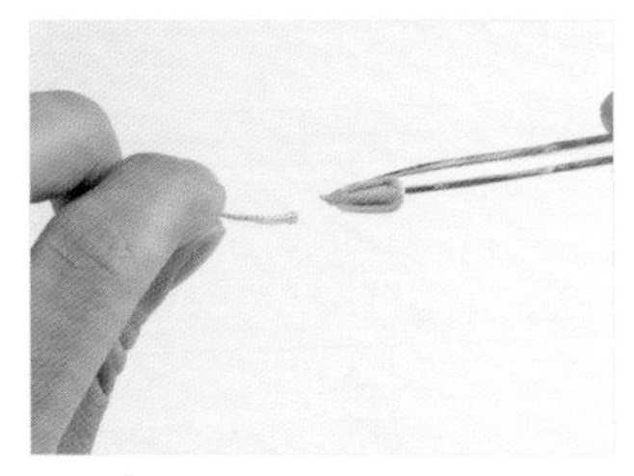

04 承步驟 3，以鑷子夾取淺粉花瓣置於線頭處。

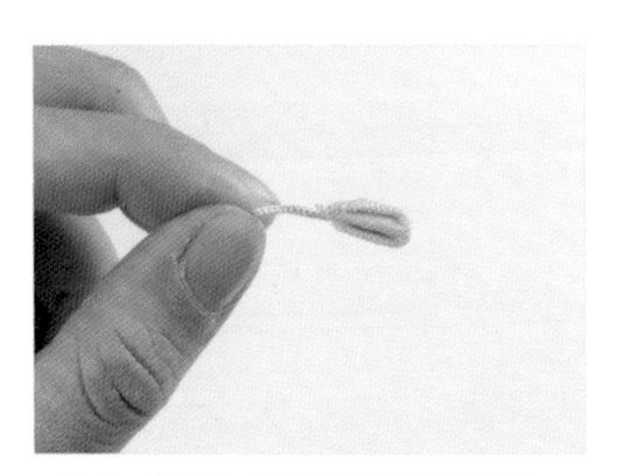

05 如圖，淺粉花瓣固定完成。

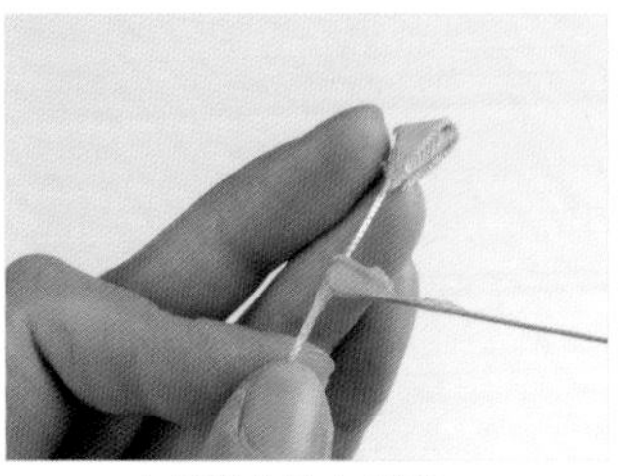

06 在棉線上塗上漿糊。

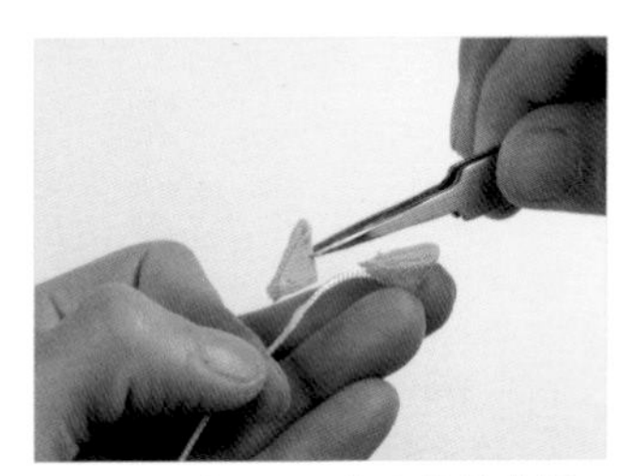

07 承步驟 6，黏上淺粉花瓣。（註：須和第一片花瓣平行放置。）

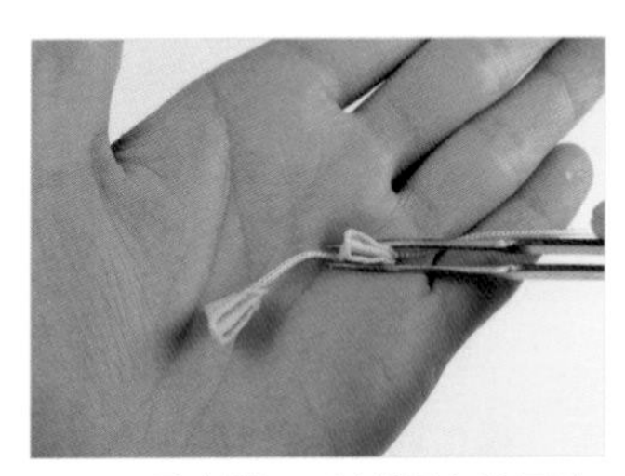

08 承步驟 7，以鑷子加強固定花瓣，使花瓣不易掉落。

09 如圖，花瓣流蘇製作完成。（註：可預先製作兩條流蘇。）

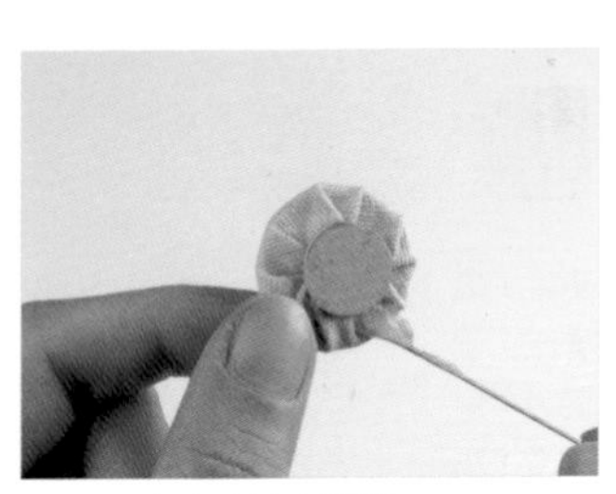

10 在底座塗上漿糊。

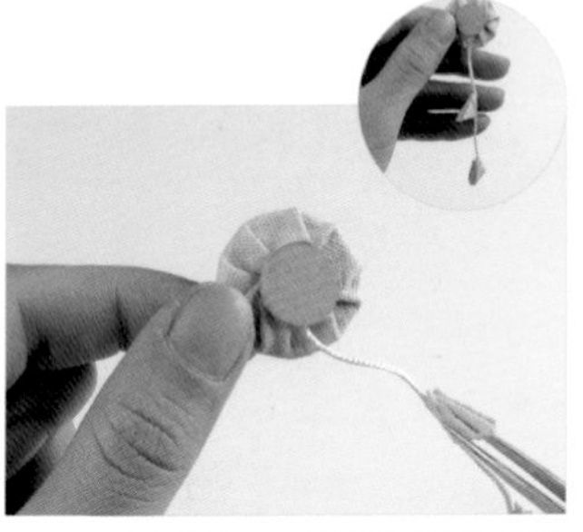

11 承步驟 10，將花瓣流蘇置於塗抹漿糊處。

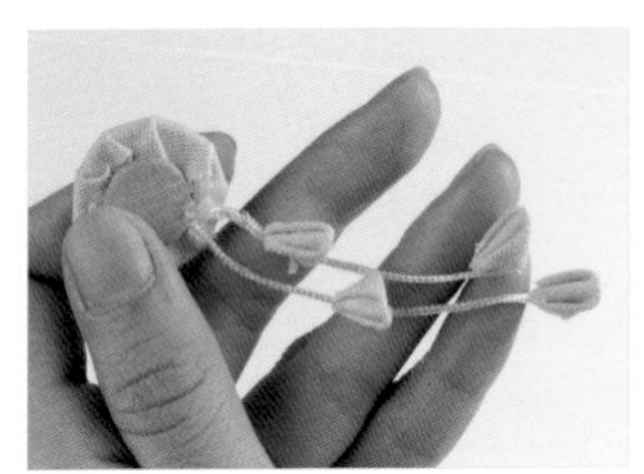

12 重複步驟 10-11，放置第二條花瓣流蘇。

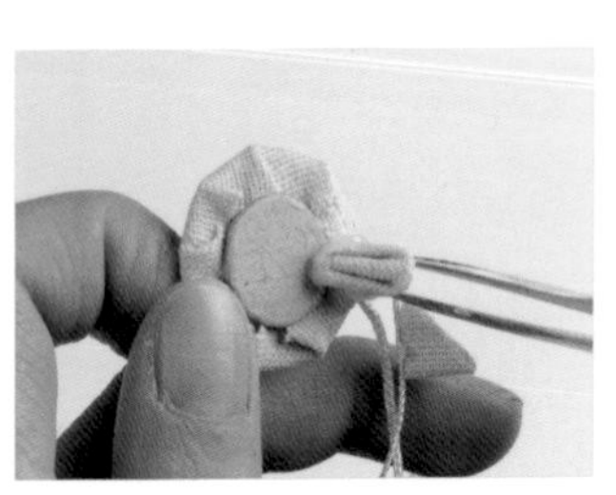

13 以鑷子夾取已沾漿糊的粉色花瓣，置於底盤上。

14 重複步驟 13，再取四片花瓣固定於底座上。

15 重複步驟 13，依序將花瓣固定於底座上，呈花朵貌。

16 在花心塗上熱熔膠。

17 承步驟 16，將水鑽固定於花心。

18 承步驟 17，以鑷子加強固定水鑽。

19 如圖，布花完成。

20 在髮夾塗上強力膠，並黏貼緞帶。

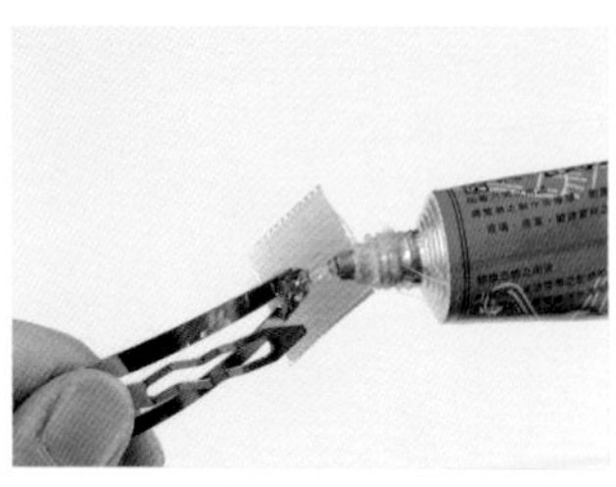

21 在髮夾另一面塗上強力膠。

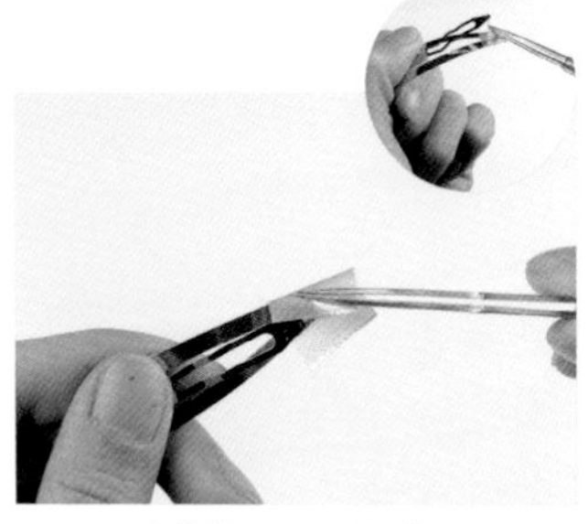

22 承步驟 21，以緞帶包覆於髮夾前端。

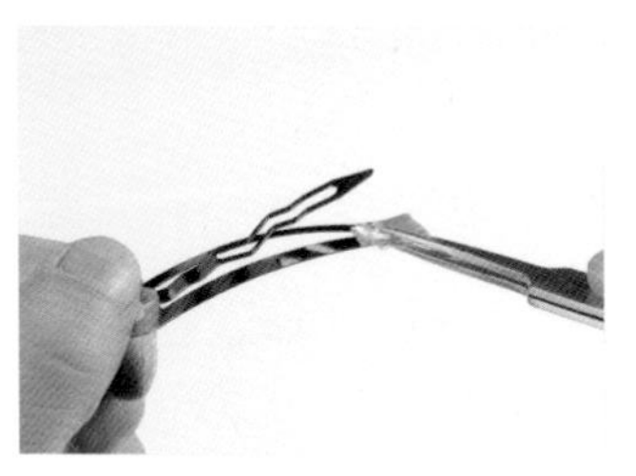

23 承步驟 22，以鑷子加強固定緞帶。

24 如圖，緞帶包覆完成。

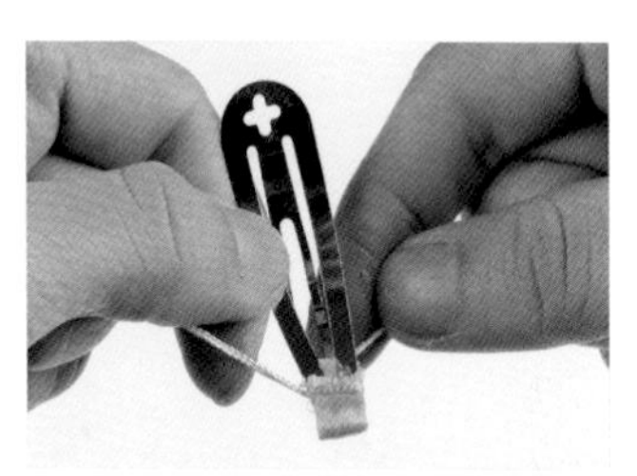

25 取出棉線，纏繞髮夾前端一圈。

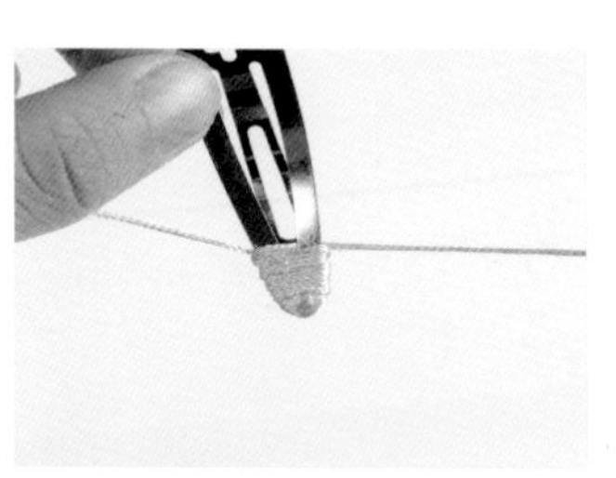

26 承步驟 25，將棉線穿過，並以螺旋狀的方式纏繞髮夾。

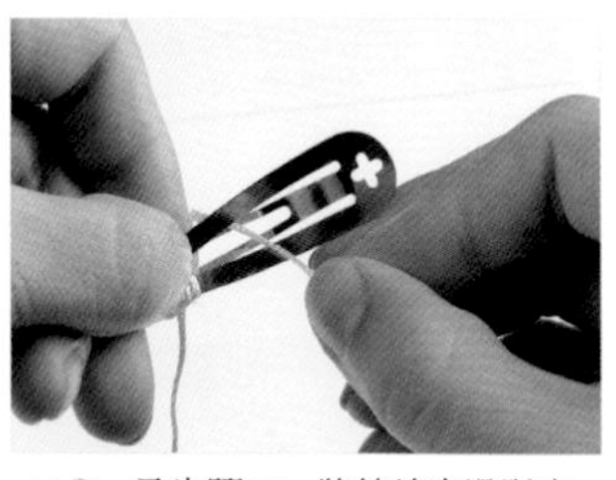

27 承步驟 26，將棉線穿過髮夾。

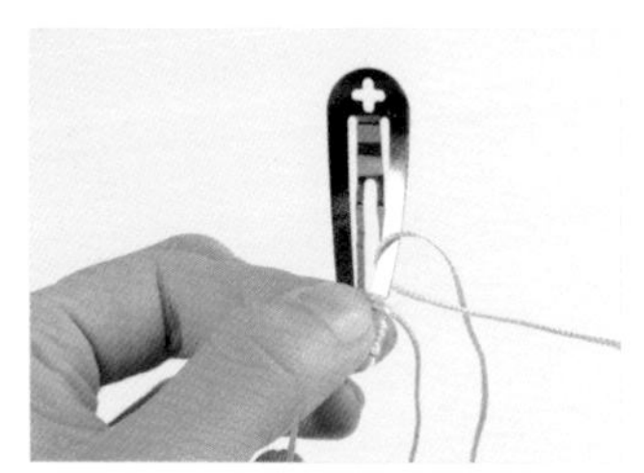

28 承步驟 27，輕拉穿過髮夾的棉線。

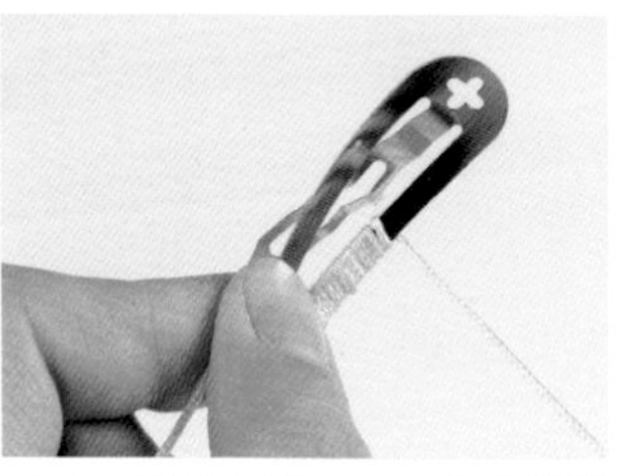

29 重複步驟 27-28，依序將髮夾側邊鐵片纏繞棉線。

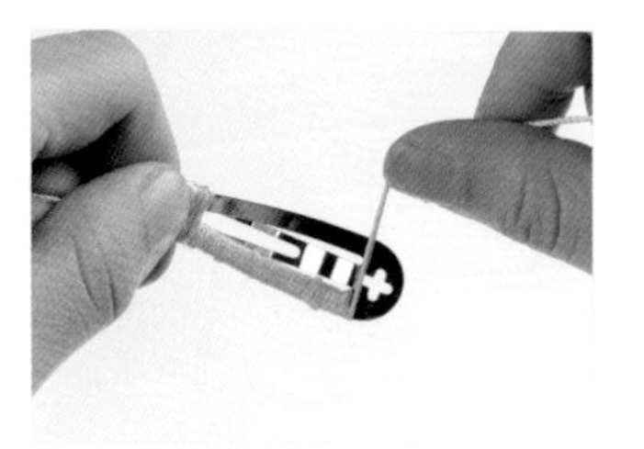

30 重複步驟 27-28，依序將髮夾纏繞完成。

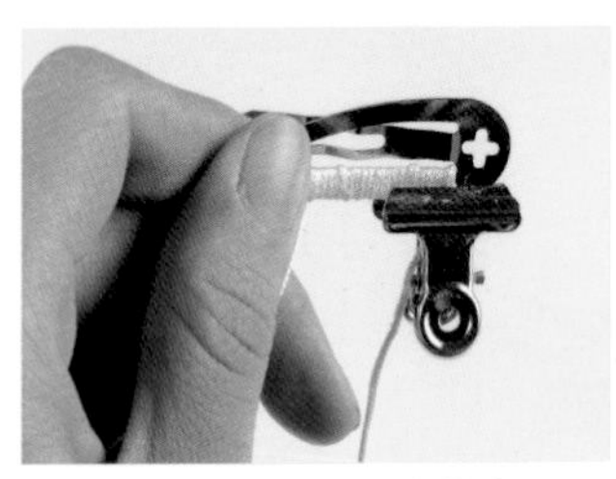

31 取一鐵夾暫時固定棉線。

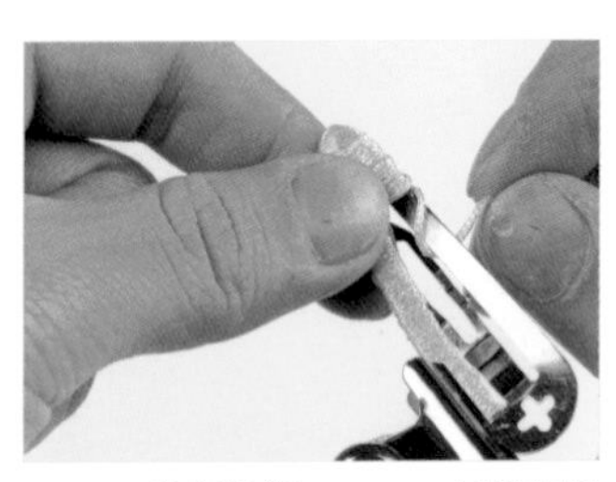

32 重複步驟 27-30 ，在髮夾另一側鐵片纏繞棉線。

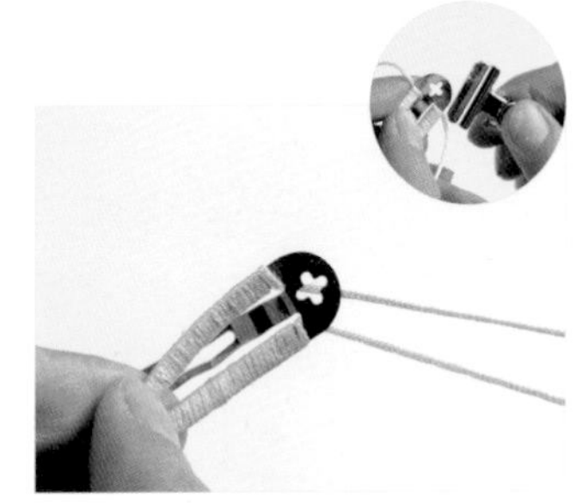

33 先將棉線纏繞完成後，再取下鐵夾。

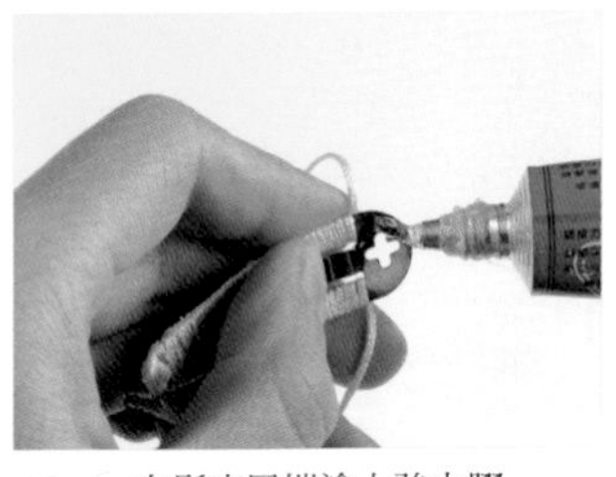

34 在髮夾尾端塗上強力膠。

35 承步驟 34，將棉線以螺旋狀的方式纏繞髮夾。

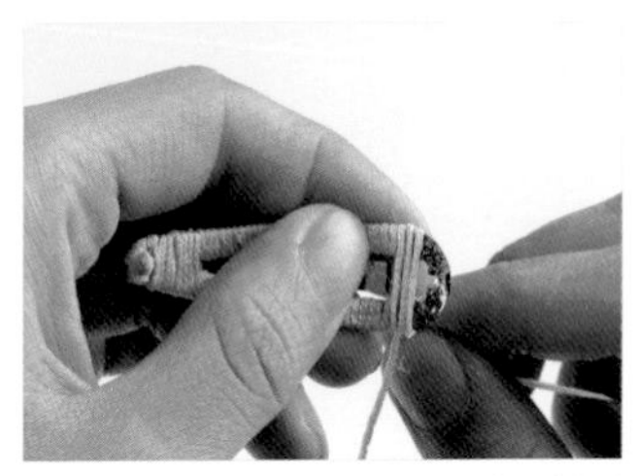

36 重複步驟 35，持續纏繞棉線至髮夾鏤空處。

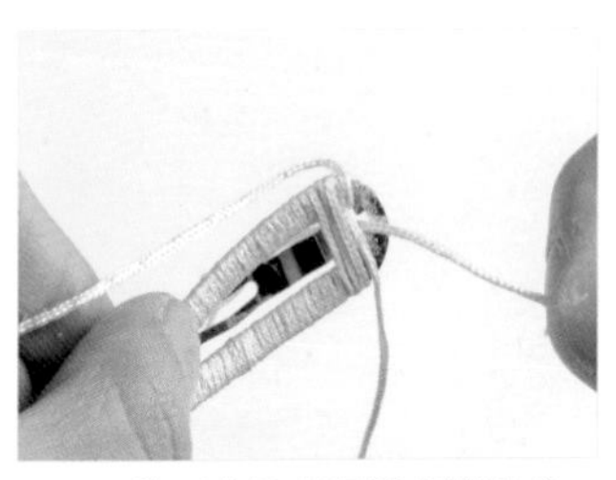

37 將兩棉線穿過髮夾鏤空處，並持續沿著髮夾輪廓纏繞。

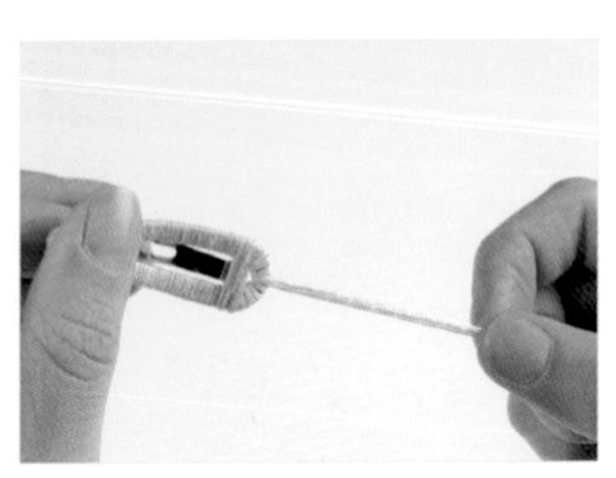

38 如圖，棉線纏繞完成。

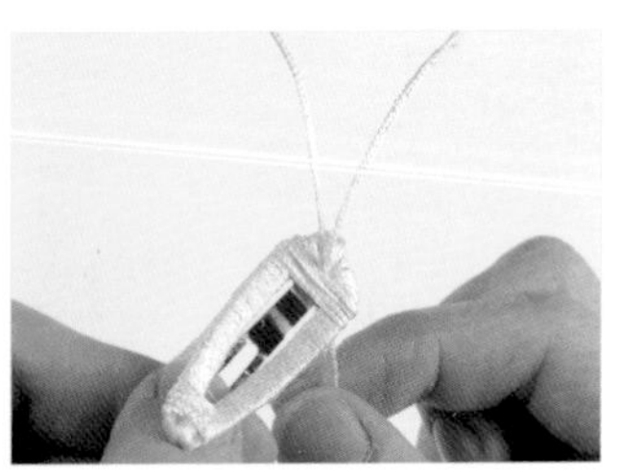

39 承步驟 38，纏繞完成後，再次將棉線穿過髮夾鏤空處。

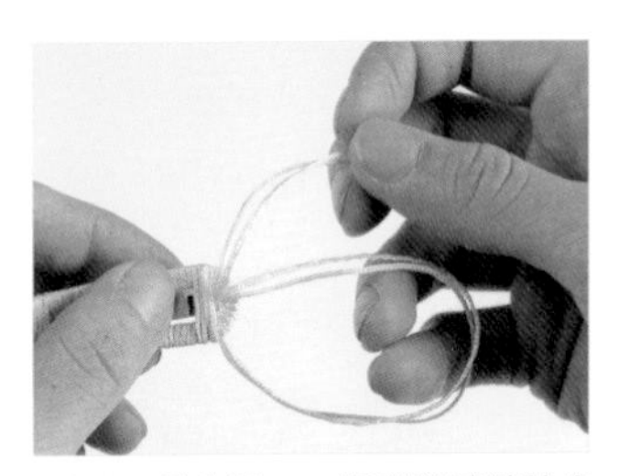

40 承步驟 39，順勢將棉線拉出一個圓。

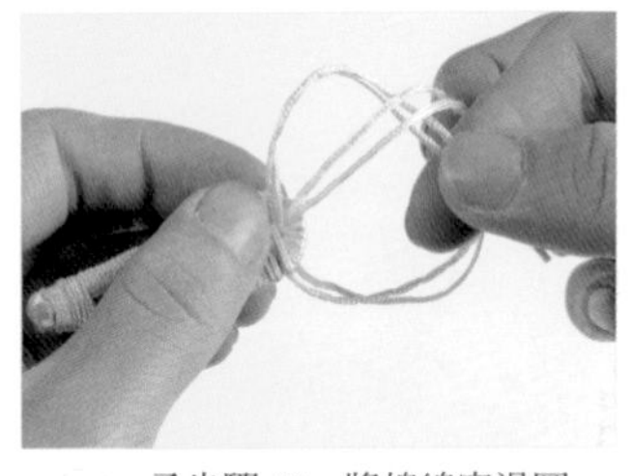

41 承步驟 40，將棉線穿過圓。

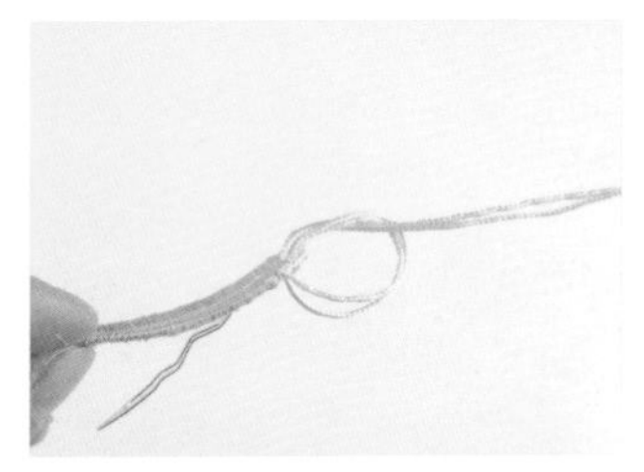

42 承步驟 41，將兩棉線拉緊，打成一個結。

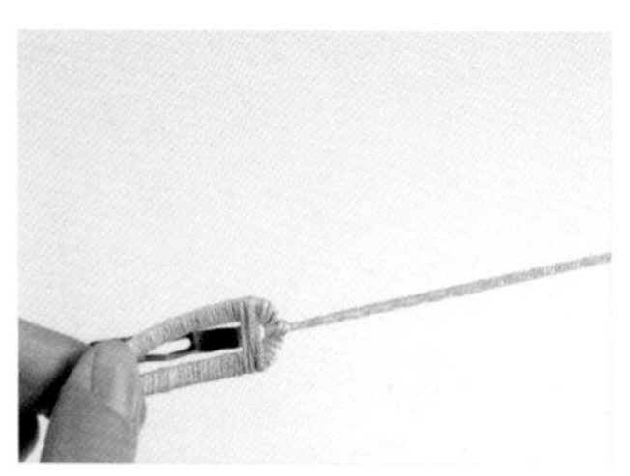

43 承步驟 42，將結拉緊。

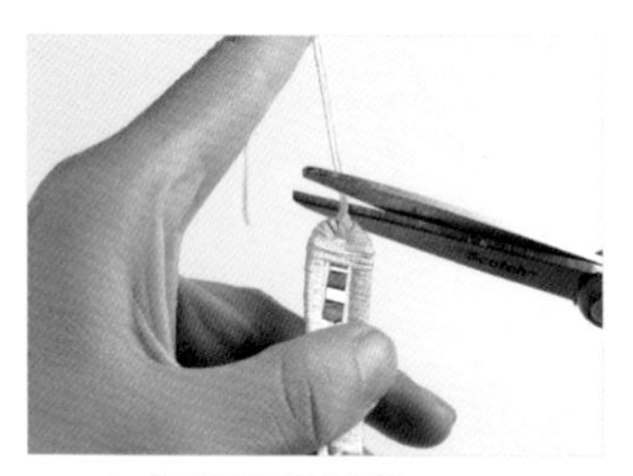

44 以剪刀剪下棉線。

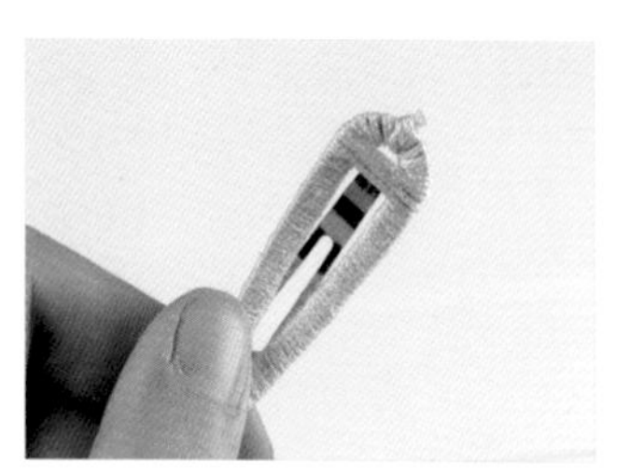

45 如圖，棉線剪裁完成。

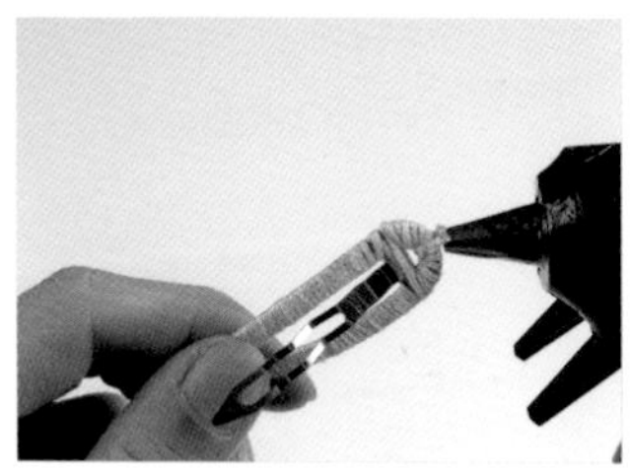

46 在棉線結塗上熱熔膠。

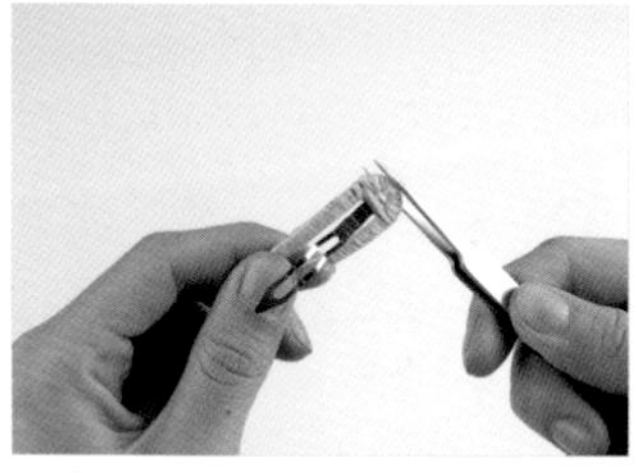

47 承步驟 46，以鑷子將棉線結向內收。

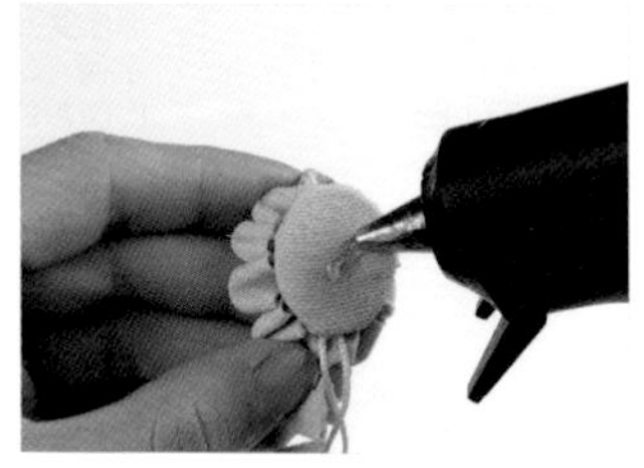

48 在布花底座塗上熱熔膠。

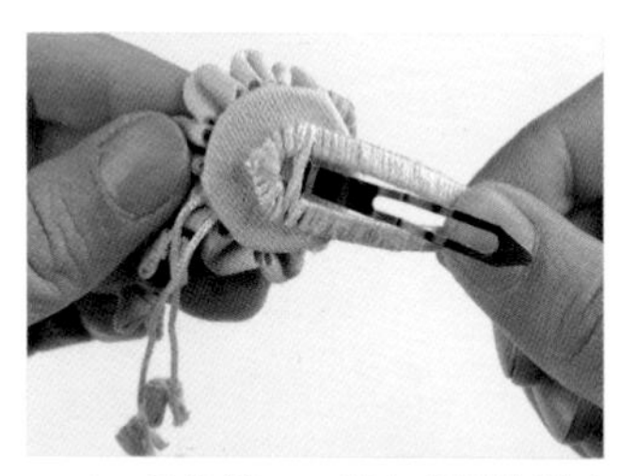

49 承步驟 48，將布花置於髮夾上。

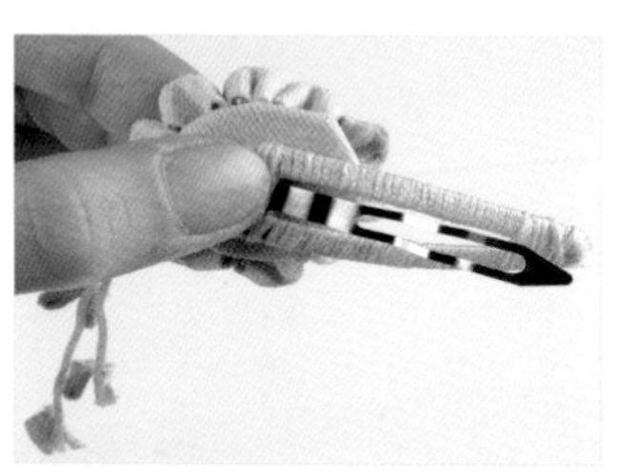

50 用手加強固定布花和髮夾。

51 在黑色圓形不織布塗上熱熔膠。

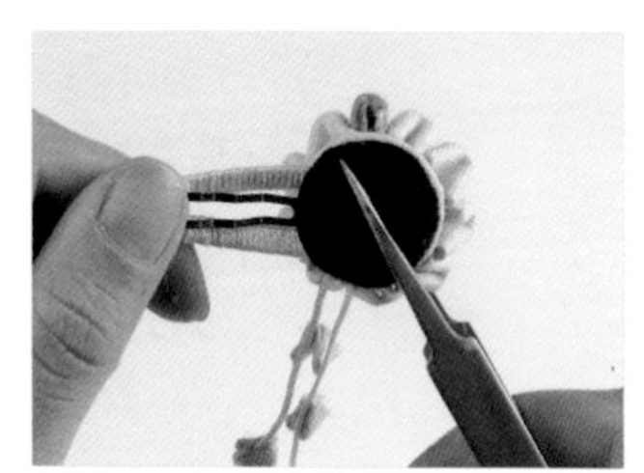

52 最後，將黑色圓形不織布置於布花後，以鑷子加強固定即可。

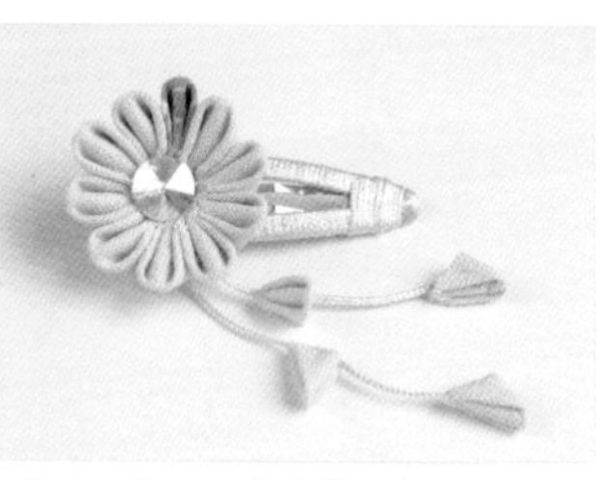

53 如圖，布花飾品製作完成。

書籍介紹

粉雕美甲輕鬆上手

邱佳雯，盧美娜 著
定價：480 元
ISBN: 978-986-6293-25-2

彩繪美甲輕鬆上手

邱佳雯，盧美娜 著
定價：500 元
ISBN: 978-986-6293-38-2

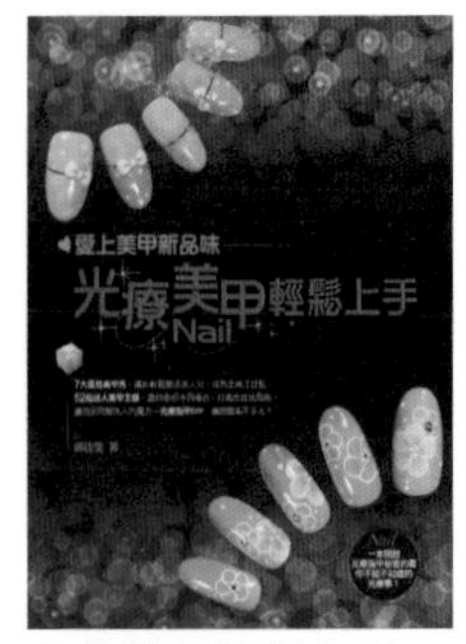

光療美甲輕鬆上手

邱佳雯 著
定價：500 元
ISBN: 978-986-5893-62-0

玩繪時尚光療美甲

邱佳雯 著
定價：520 元
ISBN: 978-986-5893-68-2

百變甲妝情報站
美甲保養小撇步！

美甲編輯小組 著
原價：298 元
特價：250 元
ISBN: 978-986-6293-70-2

異國の嫁紗 01 —
臺灣、香港、馬來西亞

造型編輯小組 著
定價：1800 元
ISBN: 978-986-5893-88-0

美容乙級技術士
術科技能檢定寶典

檢定編輯小組 著
定價：466 元
ISBN: 978-986-6293-86-3

美容乙級技術士
紙圖設計及練習寶典

檢定編輯小組 著
定價：298 元
ISBN: 978-986-6293-91-7

美容丙級技術士
術科技能檢定寶典

檢定編輯小組 著
定價：368 元
ISBN: 978-986-6293-84-9

電影特效專業化妝術

陳秀足，鄧宸渝，陳雅臻 著
定價：580 元
ISBN: 978-986-6293-49-8

Henna Art 初體驗
認識印度的手繪藝術

小美 著
定價：368 元
ISBN: 978-986-5893-05-7

第一次彩繪就愛上
帶你進入
時尚彩繪藝術的世界

陳秀足 著
定價：380 元
ISBN: 978-986-5893-31-6

鈴鹿的彩妝秘密

鈴鹿玉鈴　著
定價：320 元
ISBN: 978-986-6334-43-6

就是要玩噴槍彩繪

陳秀足　著
定價：380 元
ISBN: 978-986-5893-59-0

玩彩繪很 easy
兒童彩繪

陳秀足、陳雅臻　著
定價：280 元
ISBN: 978-986-5893-50-7

玩彩繪很 easy
青少年彩繪

陳秀足、陳雅臻　著
定價：280 元
ISBN: 978-986-5893-51-4

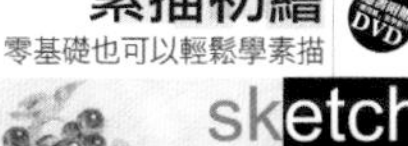

素描初繪—
零基礎也可以輕鬆學素描

彭泰仁　著
定價：420 元
ISBN: 978-986-5893-87-3

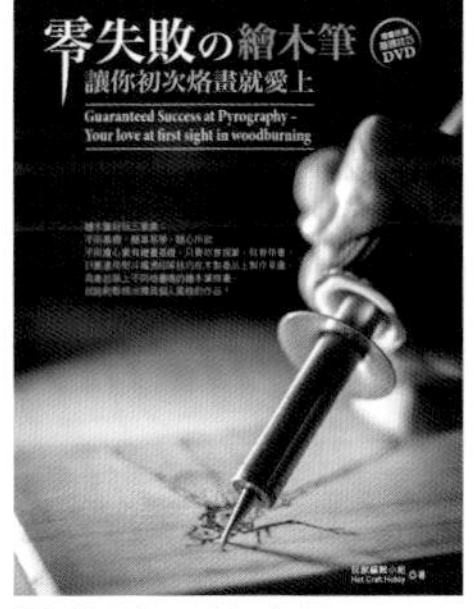

零失敗の繪木筆
讓你初次烙畫就愛上

玩創編輯小組，
Hot Craft Hobby　著
定價：420 元
ISBN: 978-986-5893-90-3

不思議の繪木筆
烙出你的個人日常

玩創編輯小組，
Hot Craft Hobby　著
定價：380 元
ISBN: 978-986-5893-93-4

花の嫁紗一
讓你第一次學花藝就戀上

李清海　著
定價：500 元
ISBN: 978-986-5893-49-1

戀戀幸福一
婚俗必備寶典 01

幸福編輯小組　著
定價：280 元
ISBN: 978-986-5893-53-8

戀戀幸福一
婚俗必備寶典 02

幸福編輯小組　著
定價：280 元
ISBN: 978-986-5893-67-5

戀戀幸福一
婚俗必備寶典 03

幸福編輯小組　著
定價：280 元
ISBN: 978-986-5893-89-7

羊毛氈小手作：
我的動物園

手作仔　著
定價：260 元
ISBN: 978-986-5893-58-3

動手玩羊毛氈：
超治癒的 12 生肖小動物 01（書 +2 份羊毛材料）
玩創編輯小組 著
定價：480 元
ISBN: 978-986-5893-69-9

動手玩羊毛氈：
超治癒的 12 生肖小動物 02（書 +2 份羊毛材料）
玩創編輯小組 著
定價：480 元
ISBN: 978-986-5893-72-9

做自己的美髮師
盧美娜，侯玲 著
定價：350 元
ISBN: 978-986-6293-67-2

整體造型秘技
不用醫美也可以很美麗
石美芳，陳奕融，賴采瀅，盧美娜 著
定價：580 元
ISBN: 978-986-5893-13-2

整體造型秘技
HD 噴槍彩妝 PK 傳統彩妝
造型編輯小組 著
定價：680 元
ISBN: 978-986-5893-12-5

玩美達人劉培華
時尚與經典
劉培華 著
定價：450 元
ISBN: 978-986-6334-37-5

專業包頭設計
必學的包頭技巧大公開
石美芳，余珮雅，陳俊中 著
定價：548 元
ISBN: 978-986-6293-85-6

變身萌主
王薇 著
定價：250 元
ISBN: 978-986-6334-25-2

髮片藝術聖經
日式包頭絕學大公開
石美芳，賴柔君，林秀英 著
定價：548 元
ISBN: 978-986-5893-14-9

整體造型秘技
綜合髮藝大賞
造型編輯小組 著
定價：649 元
ISBN: 978-986-6293-10-8

整體造型秘技
真髮篇
陳奕融，賴采瀅，盧美娜 著
定價：520 元
ISBN: 978-986-6655-98-2

整體造型秘技
真髮篇 2
造型編輯小組 著
定價：600 元
ISBN: 978-986-6293-80-1

整體造型秘技
假髮篇
陳奕融，賴采瀅，盧美娜 著
定價：580 元
ISBN: 978-986-6293-35-1

整體造型秘技
假髮篇 2
造型編輯小組 著
定價：649 元
ISBN: 978-986-5893-06-4

整體造型秘技
美髮造型篇 1
造型編輯小組 著
定價：600 元
ISBN: 978-986-6293-46-7

整體造型秘技
美髮造型篇 2
造型編輯小組 著
定價：600 元
ISBN: 978-986-6293-48-1

整體造型秘技
美髮造型篇 3
造型編輯小組 著
定價：600 元
ISBN: 978-986-5893-43-9

整體造型秘技
短髮篇
造型編輯小組 著
定價：649 元
ISBN: 978-986-6293-95-5

整體造型秘技
百變婆婆媽媽造型篇
造型編輯小組 著
定價：698 元
ISBN: 978-986-6293-57-3

整體造型秘技
美髮作品珍藏集 1
造型編輯小組 著
定價：299 元
ISBN: 978-986-6293-52-8

整體造型秘技
伴娘＆人氣花童篇
造型編輯小組 著
定價：698 元
ISBN: 978-986-6293-75-7

整體造型秘技
時尚型男造型篇
造型編輯小組 著
定價：698 元
ISBN: 978-986-6293-65-8

整體造型秘技
快速換髮篇
造型編輯小組 著
定價：649 元
ISBN: 978-986-6293-99-3

整體造型秘技
快速換髮篇 2
造型編輯小組 著
定價：649 元
ISBN : 978-986-5893-04-0

つまみ細工×布作花飾品：打造純手感和風小物

はじめてでも作れる：つまみ細工の花あしらい

書　　名　つまみ細工X布作花飾品：打造純手感和風小物
作　　者　玩創編輯小組
主　　編　譽緻國際美學企業社．莊旻嬑
校稿編輯　譽緻國際美學企業社．黃宛真
美　　編　譽緻國際美學企業社．陳昱樺
技 術 者　余珮雅
封面設計　洪瑞伯

發 行 人　程顯灝
總 編 輯　盧美娜
美術編輯　博威廣告
製作設計　國義傳播
發 行 部　侯莉莉
印　　務　許丁財
法律顧問　樸泰國際法律事務所許家華律師

藝文空間　三友藝文複合空間
地　　址　106 台北市安和路 2 段 213 號 9 樓
電　　話　（02）2377-1163

出 版 者　四塊玉文創有限公司
總 代 理　三友圖書有限公司
地　　址　106 台北市安和路 2 段 213 號 9 樓
電　　話　（02）2377-4155、（02）2377-1163
傳　　真　（02）2377-4355、（02）2377-1213
E-mail　service @sanyau.com.tw
郵政劃撥　05844889 三友圖書有限公司

總 經 銷　大和書報圖書股份有限公司
地　　址　新北市新莊區五工五路 2 號
電　　話　（02）8990-2588
傳　　真　（02）2299-7900

初　　版　2024 年 04 月
定　　價　新臺幣 320 元
ISBN　978-626-7096-68-0（平裝）
ESBN　978-626-7096-83-3
（2024 年 06 月上市）

◎ 2014 年 09 月旗林文化出版
◎書若有破損缺頁請寄回本社更換

國家圖書館出版品預行編目（CIP）資料

つまみ細工X布作花飾品：打造純手感和風小物/
玩創編輯小組作. -- 初版. -- 臺北市：四塊玉文創
有限公司, 2024.04
面；　公分
ISBN 978-626-7096-68-0（平裝）

1.CST: 手工藝

426.7　　112017737

三友官網

三友 Line@